高等学校信息工程类系列教材

U0169915

# 电路分析基础实验

吕伟锋　卢振洲　林弥　编著

西安电子科技大学出版社

# 内 容 简 介

本书是与"电路分析"或"电路原理"等电路理论课程相配套且又可独立使用的实践与实验教程。全书共 6 章，内容包括实验环节的相关基础理论、基本测量仪器、直流电阻电路、动态电路、正弦稳态交流电路、综合创新性实验、远程实境实验，在附录中还提供了常用电子仪器设备、Multisim 12.0 仿真软件以及远程实境实验平台介绍。全书体现最新实验成果和教学特色，融入了课程思政内容。本书实验内容丰富，软硬件结合，从基本原理和实际应用出发，侧重实验思路、设计方法和电路应用，采用多层式递进的设计理念，可满足不同学生的需要，着力培养学生集成电路的应用和设计能力以及严谨踏实的学风。

本书可作为高等院校电子信息类、通信类、电气类专业本科生的电路实验或实践教材，也可作为相关教学研究人员和工程技术人员的电路实验参考用书。

## 图书在版编目(CIP)数据

电路分析基础实验/吕伟锋，卢振洲，林弥编著. —西安：西安电子科技大学出版社，2023.3
(2025.1 重印)
ISBN 978 - 7 - 5606 - 6814 - 7

Ⅰ. ①电… Ⅱ. ①吕… ②卢… ③林… Ⅲ. ①电路分析—实验 Ⅳ. ①TM133 - 33

中国国家版本馆 CIP 数据核字(2023)第 019566 号

策　　划　陈　婷
责任编辑　陈　婷
出版发行　西安电子科技大学出版社(西安市太白南路 2 号)
电　　话　(029)88202421　88201467　　邮　编　710071
网　　址　www. xduph. com　　　电子邮箱　xdupfxb001@163. com
经　　销　新华书店
印　　刷　陕西博文印务有限责任公司
版　　次　2023 年 3 月第 1 版　2025 年 1 月第 3 次印刷
开　　本　787 毫米×1092 毫米　1/16　印张 9
字　　数　210 千字
定　　价　26.00 元
ISBN 978 - 7 - 5606 - 6814 - 7
XDUP 7116001 - 3

# 前　言

　　电路分析基础实验是电子信息类、通信类、电气类专业本科生第一门专业基础实践课程，其目的除了巩固和加深电路基础理论知识以外，更重要的是通过实验操作和实践技能培养，使学生逐步养成严谨和踏实的作风；并通过理论联系实际，让学生具备分析、设计和解决具体电路问题的思维能力和工程意识，为最终达到实践应用能力和创新能力培养的目标打好基础。我国的工科教育也面临培养什么人，怎样培养人，为谁培养人的问题。为此，高校的实践课程也需要逐渐树立起知识传授、能力培养和价值塑造的三位一体功能意识。因此，通过深入挖掘蕴含在电路分析基础实验课程中的思政要素，将专业教学目标和课程思政目标相结合，在知识传授和能力培养中将思政教育融入课程的教学过程，可以实现课程的价值引领。本书基于实现上述两个目标而撰写。

　　全书共分 6 章和 3 个附录，先介绍电路分析实验有关的基础知识，然后将实验内容分三大模块，即基础性实验、综合创新性实验和远程实境实验。其中，基础性实验又分为直流电阻电路、动态电路和正弦稳态交流电路三部分，共包含 13 个基础实验。基础性实验在内容上完全涵盖了电路理论课程所有重要的知识点。本书增加了综合创新性实验和远程实境实验，体现本校在课程建设方面的最新成果，可以提高学生的电路综合应用能力。附录是常用电子仪器设备、Multisim 12.0 仿真软件以及远程实境实验平台的使用简介。

　　全书内容丰富，实验设计软硬件结合，实验项目从基本原理和实际应用出发，侧重基本实验技能和设计方法，采用多层次的实验设计理念，可适应不同的教学要求。同时，在内容安排上，基础性实验的内容和实验步骤较为详细，综合性实验的提示和步骤相对简洁。

　　本书由吕伟锋、卢振洲、林弥编著，王光义教授主审。吕伟锋负责拟定大纲，并编写前 5 章和附录 A，卢振洲编写第 6 章和附录 C，林弥编写附录 B 并负责统稿工作。本书的出版是课程组全体老师长期探索、积累和提高的结果，也是课程教学与时俱进的结果。

　　本书获得了杭州电子科技大学教材立项出版资助，也得到了西安电子科技大学出版社的帮助与大力支持，书中部分内容和实现思想还参考了国内外众多同行的资料和文献，在此我们一并表示诚挚的谢意。

　　由于编者水平和能力有限，加之编写时间比较仓促，书中可能存在不足之处，恳请广大师生和读者提出意见和建议。

吕伟锋

2022 年 10 月

# 目 录

第 1 章　电路实验基本知识 ……………………………………………………… 1

1.1　实验要求和规范 …………………………………………………………… 1

1.2　电子测量的基本概念 ……………………………………………………… 3

1.3　测量数据与误差处理 ……………………………………………………… 8

第 2 章　测量仪器与直流电阻电路 …………………………………………… 12

2.1　电子测量仪器及仪表使用 ………………………………………………… 12

2.2　元件伏安特性及电源端口特性 …………………………………………… 16

2.3　集成运放的端口特性及受控源电路设计 ………………………………… 21

2.4　线性电路比例性和叠加性及应用 ………………………………………… 28

2.5　戴维南定理与诺顿定理 …………………………………………………… 31

第 3 章　动态电路及其响应 …………………………………………………… 35

3.1　一阶动态电路及其应用 …………………………………………………… 35

3.2　二阶动态电路响应及观测 ………………………………………………… 40

第 4 章　正弦稳态交流电路 …………………………………………………… 43

4.1　正弦交流电路元件阻抗观测及参数测量 ………………………………… 43

4.2　正弦稳态电路相量及功率因数的提高 …………………………………… 46

4.3　三相交流电路的研究 ……………………………………………………… 50

4.4　RC 选频网络的研究 ……………………………………………………… 54

4.5　互感电路的观测 …………………………………………………………… 57

4.6　RLC 串联谐振电路设计 …………………………………………………… 61

第 5 章　综合创新性实验 ……………………………………………………… 65

5.1　最大功率传递定理研究 …………………………………………………… 65

5.2　负阻抗变换器设计 ………………………………………………………… 66

5.3　回转器设计 ………………………………………………………………… 69

5.4　运放构成的方波和三角波发生器 ………………………………………… 71

5.5　电压频率转换电路 ………………………………………………………… 72

第 6 章　远程实境实验 ………………………………………………………… 74

6.1　远程交流电路元件的辨别及特性研究 …………………………………… 74

6.2　一阶动态电路及其响应 …………………………………………………… 76

6.3 一阶动态电路"黑箱"模块的结构辨别及参数测量 ············· 78

6.4 集成运放线性应用远程实验 ······································· 81

6.5 远程三相交流电路的研究 ········································· 85

6.6 远程正弦交流电路功率因数提高的研究 ······················· 93

**附录 A 实验台及电子测量仪器介绍** ································· 97

A.1 电工电路实验台 ················································· 97

A.2 CS－4125A 型示波器 ············································· 101

A.3 DS1022C 数字示波器 ············································· 105

A.4 SP1631A 型函数信号发生器 ······································· 110

A.5 GD1032Z 型任意波形发生器 ······································· 113

A.6 UT803 数字台式多用表 ··········································· 117

A.7 AS2173 系列交流毫伏表 ··········································· 120

**附录B 仿真软件 Multisim 12.0 简介** ······························· 123

**附录 C 远程实境实验平台介绍** ····································· 130

C.1 NI ELVIS 3 虚拟仪器使用简介 ··································· 130

C.2 EMONA net CIRCUIT labs 远程平台使用简介 ····················· 134

**参考文献** ·························································· 138

# 第 1 章　电路实验基本知识

本章简述电路实验所涉及的基本知识、基本要求和电子测量的基本概念及数据处理知识，主要包括"电路实验"的意义和主要任务、实验的要求和规范、实验报告的书写以及电子测量领域的基础知识和测量数据及实验误差的处理。本章所涉及的基本思想和思考方法对整个实验课程起到理论指导作用，不仅贯穿本门实验课程，而且还可以贯穿其他的电工电子类基础实验环节。

## 1.1　实验要求和规范

### 1.1.1　"电路实验"的意义和主要任务

"电路分析"或"电路原理"是电子信息类、通信类、电气类专业本科生接触到的第一门专业基础课程，"电路实验"则是与之相配套的实践课程。该实验课程不仅有助于加深学生对电路理论知识的理解，更重要的是拓展了将电路理论应用于实际的空间，并通过技术延伸，实现了将现代电子信息技术融入实验操作过程和方法的目标。而且，作为电工电子类基础实验的先导，该课程的实践对培养学生遵守实验规范以及培养学生的动手操作能力和良好的研究作风均有重要意义。

由此可知，"电路实验"的任务绝不仅仅是巩固和加深电路理论知识，而是通过分析、设计、操作和实践，培养学生解决实际电路问题的能力，逐步实现应用能力和创新能力培养的目标，并使学生养成严谨的科学态度和认真踏实的作风，再通过融入课程思政内容，实现培养具有爱国情怀、能应对变革的未来领军人才的根本任务。

### 1.1.2　实验基本要求

#### 1. 实验预习和实验报告

实验预习是整个实验，特别是设计性、综合创新性实验不可或缺的环节，学生应当在实验开始前对相关的实验背景和实验内容有一个基本的认知，并做好必要的准备工作，这样才能提高实验效率。

实验报告是反映实验过程和实验结果及结论的文档资料，也是衡量学生实验综合能力的依据。它较为详细地记录实验中的原始数据和实验现象，以及对其进行的思考和总结。撰写实验报告锻炼了学生整理、归纳和总结实验信息的能力。一般来讲，实验预习和实验报告主要包括如下内容：

（1）明确实验目的，理解实验的电路原理和实验依据。

（2）了解实验方法与步骤以及实验注意事项，记录观察的实验现象和数据。

（3）根据实验需要和实验要求，自主选取合理的仪器，理解仪器设备功能及型号。

（4）阅读有关仪器设备的使用说明，大致掌握其使用方法。

（5）设计性实验要给出所设计电路的结构和参数，并拟定需测试的波形和数据。

（6）综合创新性实验要查找相关资料，设计实验方案、实验电路和元件参数。

（7）写出完整和规范的实验报告。实验报告一般包括以下主要内容。

① 实验名称；

② 实验目的（意义）；

③ 仪器设备和型号；

④ 实验原理（实验思想）；

⑤ 实验方案设计和实验元器件选型分析；

⑥ 预习思考题的回答；

⑦ 实验内容、步骤与实验电路图；

⑧ 实验操作注意事项；

⑨ 原始数据测试、记录；

⑩ 实验数据处理，包括误差计算、误差分析和结果绘制及可视化等；

⑪ 实验结果、结论分析和总结体会等。

上述内容的①～⑧项可作为学生实验前预习报告的内容，而⑨～⑪在实验操作过程和实验完成后进行总结。作为实验改革和课程特色以及课程育人的一部分，实验报告还包括实验导言部分，此部分将融入实验背景等相关内容。

实验报告均应有封面并应装订好。实验报告封面的内容一般包括实验课课程名称，实验项目名称，实验者姓名、班级、学号，实验指导教师，实验日期等内容。

**2. 实验操作规范及实验注意事项**

实验操作规范是指学生在具体的实验操作过程中应该遵守的操作规则和规程，其目的一方面是为了培养良好的操作习惯，提高操作效率，避免因操作不当造成的损坏和失误；更重要的是提高实验的安全性，避免对师生身体造成伤害。实验操作规范主要包括：

（1）规范放置仪器仪表。

（2）合理选取仪表的量程。

（3）正确连接电路并排除故障。

（4）检查无误后再接通电源。

（5）正确测量或测试实验数据。

（6）如实记录实验数据、波形等。

（7）经教师检查验收后再结束实验。

（8）离开实验室前，整理好实验器材。

**3. 安全操作注意事项**

对于本实验室接触的非安全用电实验，为了安全，操作时还需特别注意：

（1）务必连接熔断器，经反复检查无误后，再接通电源。

（2）注意各种仪器仪表的正确使用。

（3）使用专用导线，避免用手触及导线的金属部分。

（4）改接或拆除电路之前，须断开电源。

（5）若出现异常现象或事故，应立即切断电源，并及时向指导教师报告。

# 1.2　电子测量的基本概念

## 1.2.1　电子测量与测量误差的基本概念

### 1. 电子测量的概念

电路实验中的测量仪器一般称作电子测量仪器，其测量的是有关电的量值。被测物理量大致分为两类：一类是表征电信号特征的量，如电流、电压、频率、周期等，它们可直接送入测量仪器与同类标准量进行比较，或者在测量仪器中经某种变换（幅度变换、频率变换、波形变换等）后，再与标准量比较，最后由显示部件指示测量结果；另一类是表征各种元器件及电路系统电磁特性的量，如电阻、电感、电容、阻抗、传输特性等，它们只在一定的信号作用下才显示其固有的特性，例如，只有在交流电压或电流激励下，基本无源元件才表现出阻抗的作用和性质。

由此可见，电子测量仪器应该包括电信号特性测试仪（如电压表、电流表、频率计等）、测试信号源（如低频信号发生器、脉冲信号发生器、功率函数信号发生器、直流稳压电源等）以及由测试信号源与电信号特性测试仪组成的组合式仪器（如扫频仪、示波器等）。

无论使用何种仪器去测量哪种物理量，测量结果总是根据仪器示值或由示值再经过计算确定。所谓仪器示值，就是由仪器给出的被测量的数字显示值或指针读数。如果进行单次测量，通常取仪器示值为测量结果。如果相同的测量进行多次，则测量结果就取各次测量所得仪器示值的算术平均值。

一般情况下，仪器示值或测量结果与被测量的真实值之间总会存在一些差异，称为实验误差。这是由客观条件（如实验原理的缺陷、仪器设备不够精密等）所决定的。通常测量仪器的示值与被测量真实值之间的误差称为仪器误差，测量结果与被测量真实值之间的误差称为测量误差。当测量结果等于仪器示值时，测量误差就是仪器误差。

### 2. 测量误差大小的表示方法

一个被测对象本身有一个真实大小，这个大小在一定的客观条件下是一个确定的数值，称为真值或者称约定真值，记为 $x_0$。测量误差即为测量结果与真值的差异。其大小通常分为绝对误差和相对误差两种表示方法。

若用 $x$ 表示测量结果，则绝对误差可表示为 $\Delta x = x - x_0$。由于真值是无法测得的，通常将更高一级的标准仪器所测得的值 $x_0$ 称为"实际值"，用它来替代真值。

绝对误差不能确切地反映测量的准确程度，例如测量两个阻值为 $R_1 = 100$ kΩ，$R_2 = 100$ Ω 的电阻，若绝对误差分别为 $\Delta R_1 = 1$ kΩ，$\Delta R_2 = 10$ Ω，一般不能认为后者的测量比前者更准确。因此，又引入相对误差。

相对误差表示为绝对误差与真值的比值，可用 $\gamma$ 表示，即

$$\gamma = \frac{\Delta x}{x_0} \times 100\%$$

因此，上例中 $\gamma_1 = \frac{1}{100} \times 100\% = 1\%$，$\gamma_2 = \frac{10}{100} \times 100\% = 10\%$，$\gamma_1 < \gamma_2$。计算结果表明：虽然测量 $R_1$ 的绝对误差比 $R_2$ 的大，但是测量 $R_1$ 的相对误差比 $R_2$ 的小，即对 $R_1$ 的测量准确度更高，这与事实是相符合的。因此常用相对误差来表示测量准确程度。

为了在连续刻度的仪表中方便地表示整个量程内仪表的准确程度，将相对误差中的真值 $x_0$ 改为仪表量程（满刻度值）$x_m$，所得误差称为引用误差，也叫满度相对误差，即

$$\gamma_n = \frac{\Delta x}{x_m} \times 100\%$$

常用电工仪表分为七级，即 ±0.1 级、±0.2 级、±0.5 级、±1.0 级、±1.5 级、±2.5 级、±5.0 级，其中数值分别表示它们的引用误差不超过的百分比。如一块电工仪表的等级为 ±1.5 级，则表示用该表测量时，引用误差不会超过 ±1.5%。

**3. 误差的分类和来源**

根据测量误差的来源，并综合考虑误差的性质及特点，常把其分为系统误差、随机误差和粗大误差三大类。

1）系统误差

系统误差是指在相同条件下多次测量时，绝对值和符号保持恒定或在条件改变时按某种确定规律变化的误差。系统误差的来源主要有：

（1）测量仪器本身不准确引入的误差，包括基本误差和附加误差。

（2）测量方法不够完善引入的误差。

（3）操作人员的习惯和偏向以及人们感觉器官不完善而造成的误差。

（4）测量环境变化引起的误差。

系统误差的大小反映了测量结果偏离真值的程度，可以用系统误差来表示测量的准确程度，即系统误差越小，测量结果越准确。由于系统误差具有一定规律性，可以通过实验和研究来发现它的规律，从而设法通过技术手段加以消除或减小。

2）随机误差

随机误差是指在相同条件下多次测量时，绝对值和符号以不可预定的方式变化的误差。随机误差的特点是进行多次重复测量时，其值具有有界性、对称性、单峰性和抵偿性。同时随机误差在足够多次测量的总体上服从统计规律，根据数理统计的有关原理和大量的实践证明，很多测量结果的随机误差分布形式接近正态分布，即测量值对称地分布在被测量的数学期望的两侧。

随机误差的来源主要是那些对测量结果影响较小又互不相关的因素，如供电电压的起伏、环境温度变化、室外车辆通过造成的振动等，它们是无法预测的。但是当测量次数为无穷多次时，随机误差从总体上服从统计规律，即随机误差的平均值趋于零。若真值为 $x_0$，各次测量值为 $x_1, x_2, \cdots, x_n$，每次测量的绝对误差为 $\Delta x_1, \Delta x_2, \cdots, \Delta x_n$，则当测量次数 $n$ 趋于无穷时，绝对误差的平均值为 $\lim\limits_{n \to \infty} \frac{1}{n} \sum\limits_{i=1}^{n} \Delta x_i = 0$。因此，对同一物理量进行多次重复测量非常必要。对多次测量所得数据进行适当处理，可减小偶然因素引起的误差对测量结果的

影响。

3）粗大误差

粗大误差是指超出在规定条件下预期的误差，它使测量结果明显地偏离真值。粗大误差主要是由实验操作者在操作、读数和记录中发生差错引起的，相应的这种误差的测量数据是没有意义的，在进行数据处理时应该剔除。只要测试人员能仔细认真地操作，就能避免出现这类误差。

## 1.2.2　基本测量方法

电路实验中的基本变量包括电压、电流和功率等，它们也是表征电信号能量的三个物理量，其中最基本的是电压。对电流和功率的测量除可使用电流表和功率表外，还可用间接测量方法，如通过测量电压后计算而得，或通过观测电阻器两端电压波形而得知其电流波形。

### 1. 电表法

（1）电压的测量。

电压表应并联在被测电路的两端，如图 1.2.1(a)所示。为了减小对被测电路原工作状态的影响，电压表的内阻 $R_V$ 要远大于被测负载的电阻 $R$。为了测量电路中的多处电压，一般电压表可用活动的测试棒进行测量，如图 1.2.1(b)所示。

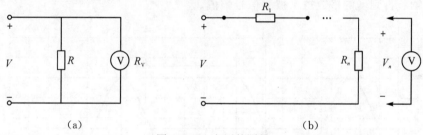

（a）　　　　　　　　　　　　　（b）

图 1.2.1　电压的测量

（2）电流的测量。

测电流时，电流表应串联在被测电路中，如图 1.2.2(a)所示。为了尽量减小对被测电路原工作状态的影响，电流表的内阻一般做得很小。在强电实验中，为测量电路中的多处电流，可在需要的各支路中接电流插孔及短路桥。当需测量该支路电流时，只需将电流表接入该支路电流插孔，并将原插孔的短路桥拆去，这样就可用一只电流表很方便地进行多支路电流的测量，如图 1.2.2(b)所示。

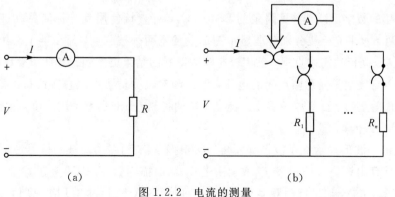

（a）　　　　　　　　　　　　　（b）

图 1.2.2　电流的测量

无论是测量电压还是电流，对于无自动量程转换的模拟式指针表，应在测量前进行估算，并根据估算值进行量程大小的选择。一般情况下，指针式仪表在测电压或电流时指针偏转角度大于 1/2 满偏时测量较为准确，而数字式仪表测量值应尽可能靠近量程。

**2. 示波法**

(1) 信号电压幅值的测量。

用示波器观察和测量信号电压的优点是能直接显示被测信号的波形，因而不仅仅限于直流信号和正弦信号，对其他各种电信号都能方便地测出瞬时值。一般示波器可将被测信号的直流成分隔离出来，单独测量交流成分。信号的频率特性从 DC 开始的示波器就可同时显示直、交流成分混合的波形。用示波器测量电压的缺点是精度较低，相对误差一般约在 5%～10% 的范围。

示波器测量信号电压幅值一般采用比较法。在示波器显示屏前都有一坐标刻度，其 $X$ 轴表示时间，$Y$ 轴表示信号的幅值。由于示波器在正常显示区域内，$Y$ 方向的偏转距离与引起偏转的输入电压成正比，如峰-峰值为 5 V 的正弦波，若它恰好在显示屏刻度上占有 5 格位置，那么 $Y$ 轴刻度的每一格就表示 1 V，则此时示波器的偏转因数 $V$/DIV 旋钮的位置应打在"1 V"挡，如图 1.2.3 所示。再对被测信号进行观察，(应保持 $Y$ 轴放大和衰减不变)，即可由 $Y$ 轴所占刻度的格数得出被测信号幅值。

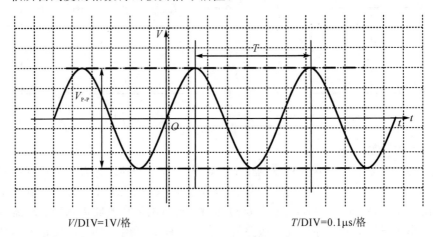

$V$/DIV=1V/格          $T$/DIV=0.1μs/格

图 1.2.3 示波法测量信号幅值和频率

目前采用的数字示波器（见附录的 DS1022C），可直接使用其光标测量功能测量信号幅值，通常将两条水平光标线分别对准显示图形上任意两个被测点，显示屏上会给出这两点间电压幅值之差。光标法简单直观，且相较比较法得到的结果更准确。与自动参数测量法比较，其优点是可以直接测量任意两点间的电压，但自动参数测量法可以直接读得电压有效值、平均值和最大值等参数。目前数字示波器提供了这两种测电压的方法，用户可自由选择。

(2) 频率(或周期)的测量。

将被测信号波形显示在示波器显示屏上，根据 $X$ 轴刻度读出被测信号波形的周期所占格数，即可计算出该信号的频率 $f$。例如：若 $X$ 轴扫描因数 $T$/DIV 旋钮置于 0.1 μs(即 $X$ 轴每格代表 0.1 μs)，如果此时观察到一波形的周期在 $X$ 轴上约占 6 格，则信号的周期约为

$T=0.1~\mu\text{s}/\text{格}\times6~\text{格}=0.6~\mu\text{s}$，进而频率约为 $f=1/0.6~\mu\text{s}\approx1.667~\text{MHz}$，如图 1.2.3 所示。同理，现代数字示波器具有光标测量功能，常用两条垂直的光标测量时间。两条光标分别置于待测时间段的两端，显示屏上自动显示光标之间的时间间隔 $\Delta T$。光标法测时间简便、直观，若要得到波形参数，可以使用其自动测量功能。

（3）相位差的测量。

相位差的测量通常有两种方法：线性扫描法和李沙育图形法。

线性扫描法是将同频率的信号电压 $v_1$、$v_2$ 分别加到示波器的 CH1、CH2 通道，调节示波器相应通道的有关旋钮开关，并置垂直方式开关为"ALT"或"CHOP"状态，使在显示屏上显出稳定清晰的波形，并使两波形的基线与显示屏的坐标横轴重合，同时取其中一个通道的信号（通常取输入信号）为触发信号，如图 1.2.4 所示，然后读取波形一个周期时间所对应长度，设为 $T(\text{cm})$，再读取两个波形过相邻顶点（或零点）的间隔，设为 $t(\text{cm})$，则它们的相位差可表示为

$$\varphi=\frac{t}{T}\times360°$$

这种方法简便，但测量精度不高。应用这种方法时需注意，为了提高精度，在调整示波器时应使波形的半周期在显示屏上所占长度尽量长，以提高时基分辨率。

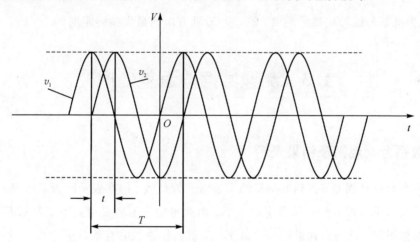

图 1.2.4　线性扫描法测相位差

李沙育图形法是把两个同频率不同相位的正弦波分别加在示波器的 $X$、$Y$ 偏转板上（即打开示波器的 $X$-$Y$ 开关），这时可以得到李沙育图形。设

$$\begin{cases}v_x=V_{x_\text{m}}\sin(\omega t+\theta)\\v_y=V_{y_\text{m}}\sin(\omega t)\end{cases}$$

把它们分别加到示波器的偏转板上并调节使椭圆的中心与显示屏坐标原点重合，即椭圆与坐标轴的上下和左右截距分别相等，得到如图 1.2.5 所示图形。当 $\omega t=0$ 时，$v_{x_0}=V_{x_\text{m}}\sin\theta$，根据偏转距离正比于偏转电压的原理，$x_0=x_\text{m}\sin\theta$，则

$$\sin\theta=\frac{x_0}{x_\text{m}}=\frac{2x_0}{2x_\text{m}}$$

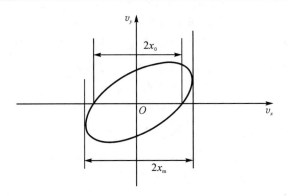

图 1.2.5　李沙育图形法测相位差

因此

$$\theta = \arcsin \frac{2x_0}{2x_{\mathrm{m}}}$$

其中：$2x_0$ 为椭圆与横轴相截的距离，$2x_{\mathrm{m}}$ 为显示屏上 $X$ 方向的最大偏转距离。同理，当 $X$、$Y$ 偏转板上的电压相位差为 $\theta$ 时，（不论超前还是滞后），存在关系：

$$\theta = \arcsin \frac{2y_0}{2y_{\mathrm{m}}}$$

其中：$2y_0$ 为椭圆与纵轴相截的距离，$2y_{\mathrm{m}}$ 为 $Y$ 轴方向的最大偏转距离。

# 1.3　测量数据与误差处理

## 1.3.1　数据舍入规则及结果表示

由于测量时存在误差，得到的测量结果通常是近似数。但在表示时为了精确、合理，通常要求测量误差不超过末位单位数字的一半。由此可定义有效数字，即规定从其左边第一个不为零的数字起，直到右面最后一个数字止，都叫作该数的有效数字。

读取测量数据的基本原则是最后一位有效数字是估计值，其余各高位均为确知数字。因此，有效数字不同，表明其精确程度不同，如 0.001，0.0001，0.000 01 这三个数字都是 1 位有效数字。而 0.0010 这个数尽管大小与 0.001 相同，但它有 2 位有效数字，表明绝对误差不超过 0.000 05，而若用 0.001 表示，则表明其绝对误差不超过 0.0005，因此它们是有区别的。

当需保留 $n$ 位有效数字时，对超过 $n$ 位的数字应根据舍入规则进行处理。舍入规则是：当多余的有效数字大于 5 时则入，小于 5 时则舍；当此数字等于 5 时，若其前一位为奇数则入，为偶数则舍。例如，将下列箭头左端的数字按照上述舍入规则各删掉一位有效数字，则应得的数分别为箭头右端的数：7.282→7.28，4.376→4.38，0.675→0.68，0.825→0.82。

对一个测量结果应该如何表示，目前尚不统一。但总的说来，所表示的测量结果要正

---

确反映被测量的真实大小和其可信程度，同时数据的表达也不应过于冗长，因为过多的位数通常没有意义。因此，对直接测量的数据进行加减乘除运算时，运算结果小数点后有效数字位数通常只保留到参加运算的几个数据中小数点后位数最少的数据位数。例如：

$$13.65+0.0083+1.632=15.2903 \rightarrow 结果为15.29$$

$$3.54 \times 4.8 \times 0.5421=9.2114 \rightarrow 结果为9.2$$

## 1.3.2　实验数据的处理

实验测量过程中有时会记录大量数据，这些数据称为原始数据。原始数据包括测量仪表的显示值、仪表的量程、分格常数、单位、误差、测量条件等。实验结论通常是在对这些原始数据进行各种处理或运算后得到的。因此，实验测量过程中应将需要测量的原始实验数据记录在实验报告上。实验结束后，再根据实际需要进一步对这些数据进行整理、归纳、分析和总结才能得出最终的实验结论，整个过程称为实验数据处理。

实验数据处理首先要对原始数据进行初步分析，确定同一组数据采用表格法还是图示法，分析并确定数据的单位或量纲，确定数据的有效数字位数，分析测量精度，通过对同组原始数据的比较，初步分析误差的类型并剔除粗大误差。

实验数据处理还需对整理好的数据利用理论或经验公式进行计算、分析，并与理论结果进行比较，验证实验结论与理论结论是否一致，如不一致，则需要进一步分析原因，并找出解决方法。需要说明的是，实验数据处理要有计算过程。

常用的实验数据处理结果的表示方法有两种，即表格法和图示法。表格法的优点是形式比较简单，便于对同组数据进行比较和分析，能够清楚看出数据的不同和变化趋势；缺点是不容易得出函数关系和结论，尤其是非线性关系，有时几乎很难根据表格记录的数据得出结论。图示法有分布图、统计柱状图、函数曲线等形式。其中函数曲线在电路实验中较为常用。实验数据关系比较复杂，需要用曲线进行分析和处理的，则应在实验报告中绘制函数曲线，为提高曲线的绘制精度，曲线最好用方格纸绘制。函数曲线能够直观、形象地反映两个或几个变量之间的关系，特别是非线性关系，例如半导体二极管的伏安特性、RLC 串联谐振的幅频特性等，用绘制曲线的方法就很直观。很多时候处理实验数据可将两种方法结合起来使用，互相弥补对方的不足之处，取得更好效果。

## 1.3.3　实验误差的合成

有时，只进行一次测量就可得到一个结果，测量误差就来源于这一次测量。但在很多实际测量中，误差常来源于多个方面，如若干串联电阻的总电阻的测量误差会与各个电阻的测量误差有关；用间接法测电阻上的功率，需测得这个电阻的阻值、其两端电压和流过的电流这三项中的两项便可计算，这时功率的测量误差就与各直接测量量的误差有关，这里功率测量误差为总误差，而各直接测量量如电压、电流的误差即是分项误差。根据各分项误差获得总误差的过程是误差的合成问题，而将总误差反映到各分项误差当中去即是误差的分配问题。

**1. 误差的合成**

设 $y=f(x_1,x_2)$，若 $y$ 在 $y_0=f(x_{10},x_{20})$ 附近各偏导数存在，则 $y$ 展开为泰勒级数：

$$y = f(x_1, x_2)$$

$$= f(x_{10}, x_{20}) + \frac{\partial f}{\partial x_1}(x_1 - x_{10}) + \frac{\partial f}{\partial x_2}(x_2 - x_{20}) + \frac{1}{2}\frac{\partial^2 f}{\partial^2 x_1}(x_1 - x_{10})^2 +$$

$$\frac{\partial^2 f}{\partial x_1 \partial x_2}(x_1 - x_{10})(x_2 - x_{20}) + \frac{\partial^2 f}{\partial^2 x_2}(x_2 - x_{20})^2 + \cdots$$

若用 $\Delta x_1 = x_1 - x_{10}$，$\Delta x_2 = x_2 - x_{20}$ 表示 $x_1$ 及 $x_2$ 分项的误差，因为 $\Delta x_1 \ll x_1$，$\Delta x_2 \ll x_2$ 则上式中的高阶小量可以略去，则总误差为

$$\Delta y = y - y_0 = y - f(x_{10}, x_{20}) = \frac{\partial f}{\partial x_1}\Delta x_1 + \frac{\partial f}{\partial x_2}\Delta x_2$$

推广至 $y$ 由 $m$ 个分项合成时，得

$$\Delta y = \frac{\partial f}{\partial x_1}\Delta x_1 + \frac{\partial f}{\partial x_2}\Delta x_2 + \cdots + \frac{\partial f}{\partial x_m}\Delta x_m$$

若求相对误差 $\gamma$，则

$$\gamma_y = \frac{\Delta y}{y} = \frac{1}{f}\left(\frac{\partial f}{\partial x_1}\Delta x_1 + \frac{\partial f}{\partial x_2}\Delta x_2 + \cdots + \frac{\partial f}{\partial x_m}\Delta x_m\right)$$

$$= \frac{\partial \ln f}{\partial x_1}\Delta x_1 + \frac{\partial \ln f}{\partial x_2}\Delta x_2 + \cdots + \frac{\partial \ln f}{\partial x_m}\Delta x_m$$

因此，设有两个测量数据 $A$、$B$ 的绝对误差为 $\Delta A$ 和 $\Delta B$，$C$ 为 $A$ 和 $B$ 的运算结果，其绝对误差为 $\Delta C$，则有

$$C = A \pm B \rightarrow \Delta C = \Delta A \pm \Delta B$$

$$C = A \cdot B \rightarrow \Delta C = A \times \Delta B + B \times \Delta A$$

$$C = A/B \rightarrow \Delta C = (B \times \Delta A - A \times \Delta B)/B^2$$

同时，相对误差也容易由上面的公式得到，或者用绝对误差除以真值得到，即

$$C = A \pm B \rightarrow \gamma_C = \frac{\Delta A \pm \Delta B}{A \pm B}$$

$$C = A \cdot B \rightarrow \gamma_C = \frac{\Delta A}{A} + \frac{\Delta B}{B} = \gamma_A + \gamma_B$$

$$C = A/B \rightarrow \gamma_C = \frac{\Delta A}{A} - \frac{\Delta B}{B} = \gamma_A - \gamma_B$$

要说明的是，在上面最后的式子中虽然有负号，但实际的误差值不一定是减去就会变小，因为实验误差往往方向是不确定的，因此一般用绝对值合成法来运算。

**2. 误差的分配**

当给定总误差后将这个总误差分配给各分项的分配方案有很多，因此应当考虑某些分配的前提和条件。常用的误差分配原则有等准确度分配、等作用分配、抓住主要误差项进行分配。

（1）等准确度分配：分配给各分项的误差彼此相同（具有相同的系统误差 $\varepsilon$ 和随机误差方差 $\sigma$）。该方法适用于各分项性质相同、大小相近情况，即

$$\varepsilon_1 = \varepsilon_2 = \cdots = \varepsilon_m$$

$$\sigma(x_1) = \sigma(x_2) = \cdots = \sigma(x_m)$$

因为 $\varepsilon_y = \sum\limits_{j=1}^{m}\left(\frac{\partial f}{\partial x_j}\right)\varepsilon_j$，所以

$$\varepsilon_j = \frac{\varepsilon_y}{\displaystyle\sum_{j=1}^{m} \frac{\partial f}{\partial x_j}}$$

又因为

$$\sigma_y^2 = \sum_{j=1}^{m} \left(\frac{\partial f}{\partial x_j}\right)^2 \sigma^2(x_j)$$

所以

$$\sigma^2(x_j) = \frac{\sigma_y^2}{\displaystyle\sum_{j=1}^{m} \left(\frac{\partial f}{\partial x_j}\right)^2}$$

（2）等作用分配：分配给各分项的误差在数值上不一定相等，但它们对总测量误差的作用或者说影响是相同的，即

$$\frac{\partial f}{\partial x_1}\varepsilon_1 = \frac{\partial f}{\partial x_2}\varepsilon_2 = \cdots = \frac{\partial f}{\partial x_m}\varepsilon_m$$

$$\left(\frac{\partial f}{\partial x_1}\right)^2 \sigma^2(x_1) = \left(\frac{\partial f}{\partial x_2}\right)^2 \sigma^2(x_2) = \cdots = \left(\frac{\partial f}{\partial x_m}\right)^2 \sigma^2(x_m)$$

所以

$$\varepsilon_j = \frac{\varepsilon_y}{m\dfrac{\partial f}{\partial x_j}}$$

$$\sigma^2(x_j) = \frac{\sigma_2(y)}{m\left(\dfrac{\partial f}{\partial x_j}\right)^2}$$

（3）抓住主要误差项进行分配：当各分项误差中第 $k$ 项误差特别大，其他项对总误差的影响可忽略，这时可不考虑其他分项的误差分配问题，只要保证第 $k$ 项的误差小于总误差即可。

此外，在选择测量方案时，应注意在总误差基本相同的情况下，还应兼顾测量的经济、简便等条件，例如工作电路中，测量电压往往比测量电流和电阻方便。关于实验误差的更详细知识，可参见电子测量理论的相关内容。

# 第 2 章   测量仪器与直流电阻电路

本章内容分为两大部分，第一部分是常用电子测量仪器及仪表的使用，该内容尽管完全独立于理论课程，但对实验课程却十分重要；第二部分是直流电阻电路的基础实验，包括集成运放的端口特性测试等。这些实验总体较为简单，也是"电路实验"的入门环节和基本训练。

## 2.1   电子测量仪器及仪表使用

**1. 实验导言**

电路实验中必须使用各种电子测量仪器及仪表，我国的电子测量仪器及仪表近年来取得了长足的进步，但在高档仪器如高精度和特殊用途方面仍严重依赖进口，体现基础研究和技术积累之间的差距。

**2. 实验目的**

(1) 初步掌握常用电子测量仪器及仪表的名称、型号及基本操作。

(2) 基本掌握用示波器观测各种电信号波形和参数的方法。

(3) 初步了解 SBL 电工电路实验台及其使用方法。

**3. 实验仪器**

本次实验用到的实验仪器主要有函数信号发生器、示波器、数字万用表、交直流电压表、交流毫伏表和 SBL 电工电路实验台等。

**4. 实验原理及说明**

电子测量仪器可分为函数信号发生器(或称信号源)、测量仪表以及专用仪器仪表三大类。函数信号发生器的主要功能是向外界提供各种所需参数(形状、频率、幅度等)的电源激励信号，测量仪表用来测量电信号的参数或观察波形，而专用仪器仪表是指专门应用于某种特殊场合或具有专门用途的仪器仪表。目前普遍使用的电子测量仪器及仪表有直流稳压电源、函数信号发生器、示波器、交直流电压表、交直流电流表、有功功率表等。下面简单介绍本次实验所用部分仪器。

(1) 函数信号发生器(如 SP1631A、GD1032Z)输出的信号有正弦波、三角波、方波及脉冲波等；信号频率可在几赫兹到一兆赫兹范围内连续可调，输出电压幅度可达 20 V ($V_{P-P}$)，详细介绍见附录 A。

正弦波的主要参数有有效值、周期 $T$(或频率 $f$)和初相角 $\varphi$，其中幅度又可表征为峰-峰

值 $V_{P\text{-}P}$、峰值(最大值)$V_m$、有效值 $V$ 等。脉冲信号主要参数有峰值 $V_m$、周期 $T$(或频率 $f$)和脉宽 $\tau$(或占空比 $D$)。方波是脉冲信号的特例,其占空比为 1:2。各种参数之间的关系可表示为:$V_{P\text{-}P}=2V_m=2\sqrt{2}V$,$V_m=\sqrt{2}V$,$T=1/f$,$D=\tau/T$,如图 2.1.1 所示。

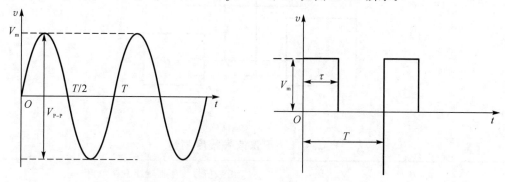

图 2.1.1　正弦波和脉冲波的波形及主要参数

(2) 示波器(如 CS4125A、DS1022C)是一种具有多种用途的电信号特性测试仪,也是一种应用范围极广的测量仪器,可观察电信号波形,测试电信号幅值、周期、频率和相位,测量脉冲信号的宽度、前、后沿时间以及观察脉冲的上冲、下冲等现象,但测量精度不高。

(3) 数字万用表(如 CDM8045A 或 UT803)是一种精度高、带 LED 或 LCD 显示的电子测量仪器,可测量交直流电压、交直流电流和电阻等参数。其中测量的交流电压及电流均为有效值。数字万用表使用时,应特别注意测量时表棒插口位置,对于非自动量程仪表还要选择合适量程。

(4) 交流毫伏表(如 AS2173D)是一种使用广泛的指针式模拟电压表,测量电压和频率的范围宽,专用于测量正弦电压有效值。交流毫伏表价格低廉,在测量高频电压时,因其精度不亚于数字万用表而备受青睐。

(5) SBL 电工电路实验台是上海宝徕和本校合作开发的一种高性能多功能电工电路实验装置。它由多个功能模板构成框架结构,同时配有多种实验所用元器件和导线,配合九孔方板可实现多种类型的电工电路实验。SBL 电工电路实验平台组装灵活方便,易于扩展。

上述的实验仪器是实验室常用的设备,也是电子技术领域常用的基本测量仪器,关于仪器设备的详细介绍可参见附录 A 或自行查找相关资料。

**5. 实验内容及步骤**

(1) 用示波器观测信号波形并测量信号波形参数(基本要求)。

① 正弦信号幅度的测量。

按图 2.1.2 接线,函数信号发生器的"波形选择"键为正弦波,调节函数信号发生器的频率倍率、微调旋钮以及幅度调节旋钮,使其输出 1 kHz、5 V(有效值)的正弦波,将该信号从"50 Ω 输出"端引出。由于信号源显示幅度为峰-峰值 $V_{P\text{-}P}$,且读数误差大,因此须先将信号接入交直流电压表,以其读数为准,再将其送入示波器观测。调节示波器相应通道的幅度灵敏度(VOLTS/DIV)、扫描速度(SWEEP TIME/DIV)等旋钮,从示波器上读取正弦波的幅度,并记入表 2.1.1 中。然后将函数信号发生器的衰减选择分别调为 20 dB 和 40 dB

（或分别变为原来的 1/10 和 1/100），重新测量后填入表 2.1.1 中。

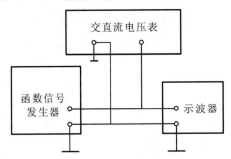

图 2.1.2　实验接线图

**表 2.1.1　正弦信号幅度测量**

| 测 量 项 目 | 函数信号发生器输出衰减位置 | | |
|---|---|---|---|
| | 0 dB | 20 dB | 40 dB |
| 信号源输出电压有效值/V | 5 | | |
| 示波器 $V/\text{DIV}$ 位置 | | | |
| 峰-峰值 $V_{\text{P-P}}$ 波形所占格数 | | | |
| 峰值 $V_{\text{m}}/\text{V}$ | | | |
| 计算有效值 | | | |

② 正弦信号频率的测量。

保持函数信号发生器的输出幅度不变(0 dB)，使输出频率依次为 200 Hz、2 kHz、5 kHz、20 kHz，调节示波器的"SWEEP TIME/DIV"旋钮，从示波器上测量信号的实际频率，记入表 2.1.2 中。

**表 2.1.2　正弦信号频率测量**

| 测 量 项 目 | 函数信号发生器的输出频率 | | | |
|---|---|---|---|---|
| | 200 Hz | 2 kHz | 5 kHz | 20 kHz |
| $T/\text{DIV}$ 位置 | | | | |
| 一个周期波形所占格数 | | | | |
| 周期 | | | | |
| 计算频率 | | | | |

③ 观察方波和脉冲信号并测量其波形参数。

调节函数信号发生器的相关旋钮，使其输出频率 $f=10$ kHz、$V_{\text{P-P}}=4$ V 的方波，观察此时示波器上的波形，测量并记录其波形参数到表 2.1.3 中。

调整函数信号发生器输出信号的频率和幅度，使 $f=3$ kHz、$V_{\text{P-P}}=8$ V，并打开"波形对称"旋钮，或者通过示波器的占空比选项调整，使方波变为脉冲波。根据自行设定的占空比调整波形，观察并记录此时示波器上显示的脉冲波形参数，记入表 2.1.3 中。

**表 2.1.3 方波和脉冲波参数测试**

| 测量项目 | 函数信号发生器输出信号 | |
|---|---|---|
| | 方波 | 脉冲波 |
| $V/\text{DIV}$ 位置 | | |
| 峰-峰值波形所占格数 | | |
| 电压幅值/V | | |
| 信号占空比 | | |
| $T/\text{DIV}$ 位置 | | |
| 一个周期波形所占格数 | | |
| 信号周期 | | |
| 计算所得频率 | | |

（2）正弦信号幅度的仪表测量（基本要求）。

调节函数信号发生器相关旋钮，使其分别输出 $f=1\ \text{kHz}$、$V_{\text{P-P}}=8\ \text{V}$ 和 $f=1\ \text{kHz}$、$V_{\text{P-P}}=0.8\ \text{V}$ 的正弦波，分别用交流毫伏表和数字万用表测量它们的电压值，然后将数据记录在表 2.1.4 中的第 3、4 行，再将信号幅值分别调整为 $V_{\text{P-P}}=2.5\ \text{V}$，$V_{\text{P-P}}=0.25\ \text{V}$，重新测量，将数据记录在该表的最后两行中。

**表 2.1.4 正弦信号幅度仪表测量**

| 正弦信号电压幅值 | 交流毫伏表 | | 数字万用表 | |
|---|---|---|---|---|
| | 量程 | 示数 | 量程 | 示数 |
| $V_{\text{P-P}}=8\ \text{V}$ | | | | |
| $V_{\text{P-P}}=0.8\ \text{V}$ | | | | |
| $V_{\text{P-P}}=2.5\ \text{V}$ | | | | |
| $V_{\text{P-P}}=0.25\ \text{V}$ | | | | |

（3）调节电工电子实验台直流电压源，使其输出一个 8 V 的直流电压，用该实验台上的相应仪表确认输出，并用数字万用表测量该信号。自行设计表格记录结果。

（4）调节电工电子实验台交直流电源，使其输出一个 12 V 的交流电压，用该实验台上的相应仪表确认输出，并用数字万用表或交流毫伏表测量该信号。自行设计表格记录结果。

（5）根据图 2.1.3 所示移相网络测量示意图，分别用线性扫描法和李沙育图形法测量两个同频率不同相位信号的相位差。自行设计表格并记录结果。

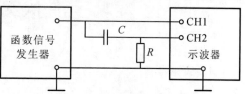

图 2.1.3 移相网络测量示意图

**6. 实验注意事项**

（1）在实验前应对电子测量仪器和仪表有一定了解。接线时保证各仪器的公共接地端与被测电路的公共接地端连接在一起，称为共地。

（2）函数信号发生器通常"直流偏置旋钮"关闭，确保输出端不能短路。

（3）交流毫伏表在使用前应先"调零"，测量时应从较大量程开始逐渐减小至合适的量程，再进行测量。

（4）电工电路实验台电压源的输出不可短路，电压源之间不可并联。

**7. 预习思考题**

（1）预习相关仪器仪表面板上各旋钮的位置、名称、作用及使用方法（参阅附录 A 部分）。

（2）明确示波器上的"VOLTS/DIV"（即 $V/DIV$）、"SWEEP TIME/DIV"（即 $T/DIV$）旋钮的名称和含义。

（3）在正弦信号幅度的测量实验中，为什么要用交直流电压表调整函数信号发生器的输出幅度而不是直接使用函数信号发生器读数？

**8. 实验总结题**

（1）如用示波器观察正弦信号，显示屏上出现图 2.1.4 所示情况时，说明示波器的哪些旋钮位置不对？应如何调节？

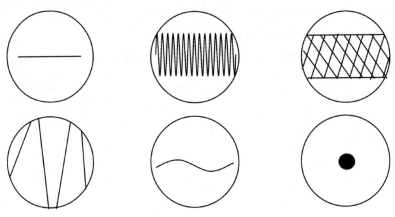

图 2.1.4  实验总结题 1

（2）总结使用电子测量仪器和仪表的体会及电信号观测的方法。

# 2.2  元件伏安特性及电源端口特性

**1. 实验导言**

对于电路，任何一个新元件的出现，最重要的是关注其端口的电压-电流关系，只有从表象中抓住事物的本质和规律，才能更好地提升学习的效率和能力。

**2. 实验目的**

（1）用实验的方法测试各种电阻元件伏安特性，加深对线性、非线性电阻元件的理解。

（2）掌握电压源端口特性的测试方法，了解电源内阻对电压源输出特性的影响。

（3）熟悉电工电路实验台的使用。

**3. 实验仪器**

本次实验用到的实验仪器主要有：电工电子实验台、直流电压源、直流电压表、直流电流表和九孔方板及元器件等。

**4. 实验原理及说明**

1）电阻元件及其伏安特性

一个二端元件，如果任一时刻的电压和电流之间存在代数关系（即可用 $v$-$i$ 平面上的一条曲线表示），则此元件为电阻元件，此关系称为该元件的伏安关系（VAR/VCR），该曲线称为该元件的伏安特性曲线。线性电阻元件的伏安特性曲线是一条通过坐标原点的直线，如图 2.2.1 中直线 $a$ 所示，电阻可由直线的斜率来确定，即 $R=v/i$ 是一个常数。非线性电阻元件的伏安特性是一条曲线，其电阻会随着其两端所加电压不同而不同，如普通白炽灯的灯丝电阻会随着电压升高而增大，其伏安特性曲线如图 2.2.1 中曲线 $b$ 所示。普通的半导体二极管也是一个典型的非线性电阻元件，当正向电压大于导通电压时，正向电流会随着正向电压的升高而急速上升。而当反向电压变化很大时，反相电流很小，几乎为零。但是半导体二极管的反向电压不应超过管子极限值，否则会击穿管子。半导体二极管的伏安特性如图 2.2.1 中曲线 $c$ 所示。稳压二极管是一种特殊的半导体二极管，它的正向特性与普通半导体二极管类似；当其两端所加反向电压从零开始增大时，反向电流很小，但当反向电压增大到某一数值时，其反向电流突然增大，此时的反向电压值称为稳压值，此后反向电压继续增大时，压降基本维持不变。稳压二极管的伏安特性如图 2.2.1 中曲线 $d$ 所示。

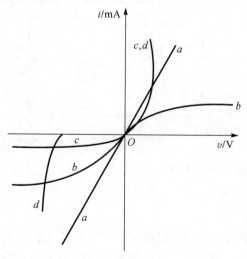

图 2.2.1 电阻元件的伏安特性曲线

2) 电压源端口特性

电压源端口特性是对电源输出电压与电流之间关系的描述。电压源的等效电路及端口特性如图 2.2.2 所示，实际电压源可由恒定电源 $V_S$ 和内阻 $R_S$ 串联而成。其端电压会随输出电流的变化而变化，因为 $v = V_S - i \times R_S$。电源内阻不同，其端电压下降的速率也不同。实际电压源内阻大小是衡量电压源端口特性的重要指标，内阻越小，实际电压源越接近理想电压源。实际应用中，当电压源内阻 $R_S \ll R_L$ 时，可近似认为 $R_S = 0$，否则应考虑其内阻对外电路的影响。

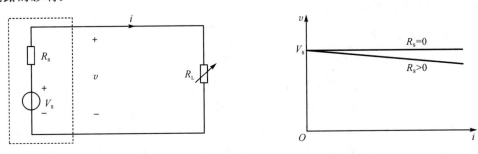

图 2.2.2　电压源的等效电路及端口特性

**5. 实验内容及步骤**

1) 线性电阻器的伏安特性测试

按图 2.2.3 接线，其中 $V_S$ 由实验台直流电压源提供，调节直流电压源的输出电压，使之从 0 V 开始缓慢地增加直到 10 V，注意电压表的数值，记录流过线性电阻器的电流值并将其填入表 2.2.1 中。再将电源反接，重新测试并记录，将结果填入表 2.2.1 中。

**表 2.2.1　线性电阻器的伏安特性数据**

| V/V | | | | | | | | |
|---|---|---|---|---|---|---|---|---|
| I/mA | | | | | | | | |

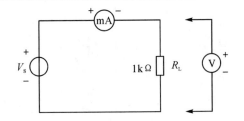

图 2.2.3　线性电阻器伏安特性测试电路

2) 半导体二极管的伏安特性测试

按图 2.2.4 接线（$R$ 为限流电阻），测试半导体二极管（型号为 1N4007）的正向特性及反向特性。

正向特性实验：调节电压源的输出电压，使电压表读数从 0 开始慢慢增加，正向压降可在 0～0.75 V 范围取值，在 0.5～0.75 V 范围应多取几个测试点，同时观测电流表的读数，电流不超过 100 mA，将不同电压下的电流值记入表 2.2.2 中。

表 2.2.2　半导体二极管正向伏安特性数据

| V/V | | | | | | | | |
|---|---|---|---|---|---|---|---|---|
| I/mA | | | | | | | | |

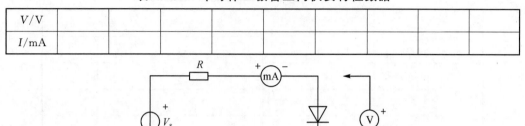

图 2.2.4　半导体二极管伏安特性测试电路

反向特性实验：将电源反接，重复上述测试，根据半导体二极管两端电压，测试电流值，结果填入表 2.2.3 中。注意：反向电压可加到 30 V 左右。

表 2.2.3　半导体二极管反向伏安特性数据

| V/V | | | | | | | |
|---|---|---|---|---|---|---|---|
| I/mA | | | | | | | |

3）稳压二极管的伏安特性测试

将图 2.2.4 中的半导体二极管换成稳压二极管（型号为 ZPD6.2 或 ZPD9.1），重复实验 2 的测试，即可得稳压二极管的正、反向特性，分别将数据记录在表 2.2.4 和表 2.2.5 中。注意：正反向电流不要超过 50 mA，同时时刻监控反向电压，反向电压不能超过标称值 0.2 V。

表 2.2.4　稳压二极管正向伏安特性数据

| V/V | | | | | | | |
|---|---|---|---|---|---|---|---|
| I/mA | | | | | | | |

表 2.2.5　稳压二极管反向伏安特性数据

| V/V | | | | | | | |
|---|---|---|---|---|---|---|---|
| I/mA | | | | | | | |

4）电压源的端口特性测试

实际稳压电源的内阻很小，常将其作为理想电压源来使用。为了突出电源内阻对输出特性的影响，在稳压电源的输出端串联一个电阻 $R_s$，可模拟得到一个实际电压源。按图 2.2.5 接线，$V_s$ 为直流电压源，由它向外界提供 10 V 的直流电压（稳压源的开路电压），改变 $R_s$ 及 $R_L$ 的值，记录负载电压并计算电流，结果填入表 2.2.6 中。

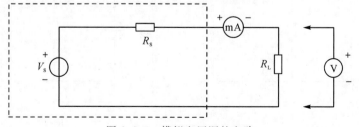

图 2.2.5　模拟电压源的电路

表 2.2.6　电压源端口特性测试数据

| $R_\text{S}/\Omega$ | | $R_\text{L}/\text{k}\Omega$ | | | | | |
|---|---|---|---|---|---|---|---|
| | | 6 | 5 | 4 | 3 | 2 | 1 |
| 0 | $V/\text{V}$ | | | | | | |
| | $I/\text{mA}$ | | | | | | |
| 200 | $V/\text{V}$ | | | | | | |
| | $I/\text{mA}$ | | | | | | |
| 510 | $V/\text{V}$ | | | | | | |
| | $I/\text{mA}$ | | | | | | |
| 750 | $V/\text{V}$ | | | | | | |
| | $I/\text{mA}$ | | | | | | |

5）电流源的端口特性测试

仿照上述的实验内容 4 及相关测试方法，应用 Multisim 12.0 软件，实现实际电流源伏安特性的测试，要求电流源的电流为 10 mA，$R_\text{S}$ 及 $R_\text{L}$ 自选。

**6. 实验注意事项**

（1）测量二极管特性时，应时刻注意普通半导体二极管正向电流和稳压二极管正反向电流读数均不得超过规定数值，以免损坏器件。

（2）进行不同实验时，应先估算电压和电流值，合理选择仪表及量程，并注意仪表的极性。

（3）稳压电源使用前，需先由直流电压表测定得到所需的正确值，再接入电路。

**7. 预习思考题**

（1）如何判断某一元件为线性电阻还是非线性电阻？线性电阻与半导体二极管的伏安特性有何区别？

（2）稳压二极管与普通半导体二极管有何区别，用途有什么不同？

（3）图 2.2.6(a)、(b)、(c)、(d)中 R 的存在对虚线框所示的电源端口特性曲线有何影响？试画出各图的电源端口特性曲线。

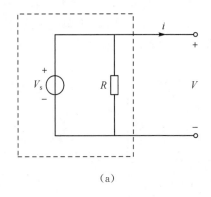

（a）

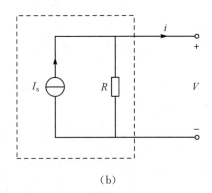

（b）

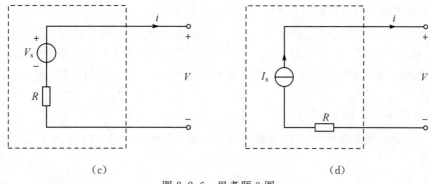

(c)　　　　　　　　　　　　　　(d)

图 2.2.6　思考题 3 图

**8. 实验总结题**

(1) 根据各实验数据，绘制光滑的伏安特性曲线(其中半导体二极管和稳压二极管的正、反向特性均要求画在同一坐标系中)。

(2) 根据实验数据和结果，总结、归纳各被测元件的特性。

(3) 心得体会或其他收获。

## 2.3　集成运放的端口特性及受控源电路设计

**1. 实验导言**

不同于前面的电阻等分立元件，运算放大器(简称运放)属于集成电路元件。在实际电子系统中，集成电路功能强大，在整个系统中处于中心地位，因此，必须重视集成电路的应用。

**2. 实验目的**

(1) 了解运算放大器的端口特性，掌握测试方法。

(2) 由运放组成受控源的电路原理，学会测试受控源的转移特性及负载特性。

(3) 应用运算放大器电路设计不同类型的受控源。

**3. 实验仪器**

本实验用到的实验仪器主要有：电工电路实验台、直流电压源、直流电压表、直流毫安表、九孔方板及元件和数字万用表等。

**4. 实验原理及说明**

1) 集成运算放大器端口特性及测试方法

集成运算放大器是用集成电路技术制作的一种有源多端器件，如图 2.3.1 所示，它主要有五个端钮，其中 $+V_{DD}$ 和 $-V_{SS}$ 端钮是电源输入，用以接正、负直流工作电源。两个输入端"＋""－"分别称为同相输入端和反相输入端，其意义是若信号从"＋"端输入，则输出信号与输入信号相位相同；若信号从"－"端输入，则输出信号与输入信号相位相反。还有一个称为输出端 $v_o$。在理想

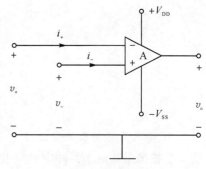

图 2.3.1　集成运算放大器及其符号

情况下，运放工作于线性区时，各个参数间存在如下关系：$v_- = v_+$，即运放的"＋"端与"－"端电位相等，称为"虚短"；$i_+ = i_- = 0$，即运放的输入电阻为无穷大，通常称为"虚断"。此时运放的输出 $v_o$ 必须与反相输入有连接。否则运放会工作在正负饱和区，当 $v_- > v_+$ 时，输出为负饱和电压；当 $v_- < v_+$ 时，输出为正饱和电压，实际输出的饱和电压略低于电源电压。

2）运放端口特性测试

图 2.3.2 是运放工作于饱和模式时的测试电路，其中图 2.3.2(a)为电压接于反相输入端，此时有

$$\begin{cases} v_o \approx V_{DD} & v_i > V_{ref} \\ v_o \approx -V_{SS} & v_i < V_{ref} \end{cases}$$

而图 2.3.2(b)为电压接于同相输入端，有

$$\begin{cases} v_o \approx V_{DD} & v_i < V_{ref} \\ v_o \approx -V_{SS} & v_i > V_{ref} \end{cases}$$

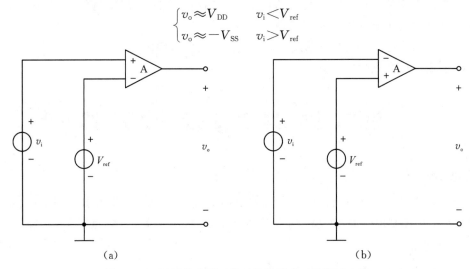

(a)                                    (b)

图 2.3.2　运算放大器工作于饱和模式时的测试电路

如果输出端和反相输入端有连接，则运放工作在线性区，此时可用理想运放的条件对电路进行分析。最简单的运放电路称为电压跟随器，如图 2.3.3 所示。该电路在实验中可用于检验集成运放是否正常工作。

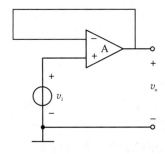

图2.3.3　运放工作于线性区的测试电路

3）受控源类型及伏安特性

受控源是从电子器件中抽象出来的反映电路中某处的电压或电流受另一处的电压或电流控制关系的电路模型。它是一种双口元件，含有两条支路：控制支路和受控支路。根据控

制支路是开路还是短路、受控支路是电压源还是电流源，可将受控源分为电压控制电压源（VCVS）、电压控制电流源（VCCS）、电流控制电压源（CCVS）和电流控制电流源（CCCS）。受控源的控制端与受控端之间的关系称为转移特性，可用一条曲线来表示，若该曲线在某一范围内为直线，即控制系数为常数，则此受控源为线性受控源。以上四种线性受控源的转移特性可表述为：

电压控制电压源 VCVS：$i_1 = 0$，$v_2 = \mu v_1$，$\mu$ 为转移电压比；

电压控制电流源 VCCS：$i_1 = 0$，$i_2 = g v_1$，$g$ 为转移电导；

电流控制电压源 CCVS：$v_1 = 0$，$\gamma_2 = \gamma i_1$，$v$ 为转移电阻；

电流控制电流源 CCCS：$v_1 = 0$，$i_2 = \alpha i_2$，$\alpha$ 为转移电流比。

四种线性受控源的电路符号如图 2.3.4 所示。

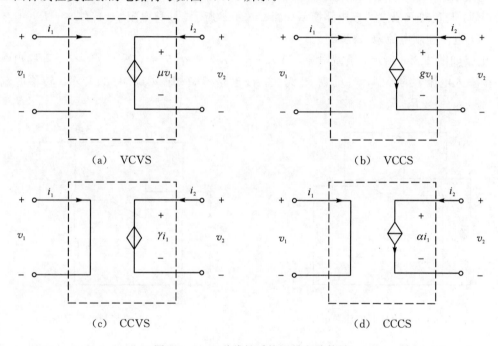

(a) VCVS  (b) VCCS

(c) CCVS  (d) CCCS

图 2.3.4 四种线性受控源的电路符号

4）受控源电路实现

受控源电路可通过运算放大器完成。用运算放大器构成四种线性受控源的电路及原理分析如下：

（1）电压控制电压源（VCVS）。

电路如图 2.3.5 所示，$v_2 = R_1 i_1 + R_2 i_2 = (R_1 + R_2) v_1 / R_2 = (1 + R_1 / R_2) v_1$，即运放的输出电压 $v_2$ 只受输入电压 $v_1$ 的控制，与负载 $R_L$ 的大小无关。该电路可由如图 2.3.4(a)所示的电路模型表示，其转移电压比可以表示为 $\mu = v_1 / v_2 = 1 + R_1 / R_2$。

（2）电压控制电流源（VCCS）。

电路如图 2.3.6 所示。将图 2.3.6 中的负载电阻 $R_L$ 移去，电阻 $R$ 看成负载电阻 $R_L$，即得电压控制电流源的模型。此时，运放的输出电流 $i_L = i_R = v_2 / R_L = v_1 / R$，即运放的输出电流 $i_L$ 只受输入电压 $v_1$ 的控制，与负载 $R_L$ 大小无关，其转移电导 $g = i_L / v_1 = 1 / R$。

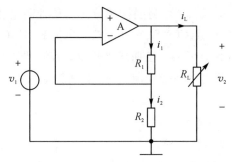

图 2.3.5　电压控制电压源电路

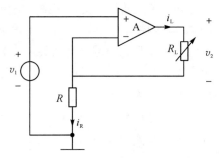

图 2.3.6　电压控制电流源电路

（3）电流控制电压源（CCVS）。

电路如图 2.3.7 所示，运放的输出电压 $v_2=-Ri_1=-Ri_S$，即输出电压 $v_2$ 只受输入电流 $i_S$ 的控制，与负载 $R_L$ 无关，该电路模型如图 2.3.4(c)所示，转移电阻 $\gamma=v_2/i_S=-R$。

（4）电流控制电流源（CCCS）。

电路如图 2.3.8 所示，负载电流 $i_L=i_1+i_2=i_1+R_1i_1/R_2=(1+R_1/R_2)i_S$，即输出电流 $i_L$ 只受输入电流 $i_S$ 的控制，与负载 $R_L$ 无关。该电路模型如图 2.3.4(d)所示。转移电流比为 $\alpha=i_L/i_S=1+R_1/R_2$。

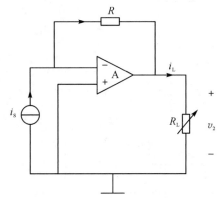

图 2.3.7　电流控制电压源电路

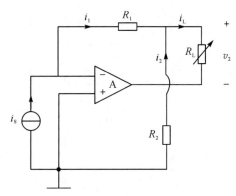

图 2.3.8　电流控制电流源电路

说明：以上四种电路是实现受控源常用的参考电路，其他类型的电路设计方法也可参阅其他相关文献。

5）受控源的设计与测试

根据上述的实验电路原理，可以设计四种不同类型的受控源电路，同时也得到不同电路的转移系数，只要使相应电路的电阻元件值满足要求即可。若要测试所设计的受控源是否满足要求，只需在一定的输入电压或电流条件下，通过测试多组负载电压或电流的实验数据，并根据该数据，绘制相应的转移特性或负载特性曲线，便可由此判断所设计电路是否满足要求。

**5. 实验内容及步骤**

1）集成运放端口特性测试与验证（基本要求）

实验电路如图 2.3.2 所示，取 $V_{ref}=5\text{ V}$，$v_i$ 从 1 V 到 10 V 变化，将输出电压 $v_o$ 记录在表 2.3.1 和表 2.3.2 中。

**表 2.3.1 反相输入时运放饱和模式端口特性测试数据**

| 输入值 $v_i$/V | | | | | | |
|---|---|---|---|---|---|---|
| 测试值 $v_o$/V | | | | | | |
| 理论值 $v_o$/V | | | | | | |

**表 2.3.2 同相输入时运放饱和模式端口特性测试数据**

| 输入值 $v_i$/V | | | | | | |
|---|---|---|---|---|---|---|
| 测试值 $v_o$/V | | | | | | |
| 理论值 $v_o$/V | | | | | | |

实验电路如图 2.3.3 所示,输入电压 $v_i$ 从 1 V 到 10 V 变化,将输出电压 $v_o$ 记录在表 2.3.3 中。

**表 2.3.3 运放端口特性测试数据**

| 输入值 $v_i$/V | | | | | | |
|---|---|---|---|---|---|---|
| 测试值 $v_o$/V | | | | | | |
| 理论值 $v_o$/V | | | | | | |

将上述两种情况中的 $v_i$ 变为函数信号发生器输出的 $V_{P-P}=14$ V 的正弦波和三角波信号,并将输出信号 $v_o$ 和 $v_i$ 双踪显示,观测和记录波形。

2) 受控源特性的测试(基本要求)

(1) 测试受控源 VCVS 的转移特性及负载特性。

实验电路如图 2.3.5 所示。$R_L$ 为负载电阻,可用可调电阻箱代替也可直接用实验台所提供的电阻元件,下同。

① 选取合适电阻且使 $R_1=R_2$,并固定 $R_L=1$ kΩ,调节直流稳压电源输出电压 $v_1$,使其在 0～6 V 范围内,测试 $v_1$ 及相应的 $v_2$ 值,并将结果记录在表 2.3.4 中。绘制 $v_2=\mu v_1$ 曲线,并求出转移电压比 $\mu$。

**表 2.3.4 VCVS 的转移特性测试数据**

| 测试值 | $v_1$/V | | | | | | |
|---|---|---|---|---|---|---|---|
| | $v_2$/V | | | | | | |
| 测试计算值 | $\mu$ | | | | | | |
| 理论值 | $\mu$ | | | | | | |

② 保持 $v_1=2$ V,令 $R_L$ 阻值从 1 kΩ 至 7 kΩ 变化,测试 $v_2$ 及 $i_L$,并将结果记录在表 2.3.5中,绘制负载特性曲线。

**表 2.3.5 VCVS 的负载特性测试数据**

| $R_L$/kΩ | | | | | | |
|---|---|---|---|---|---|---|
| $v_2$/V | | | | | | |
| $i_L$/mA | | | | | | |

（2）测试受控源 VCCS 的转移特性及负载特性。

实验电路如图 2.3.6 所示。

① 取 $R=1\ \mathrm{k\Omega}$ 且固定 $R_L=1\ \mathrm{k\Omega}$，调节直流电压源输出电压 $v_1$，使其在 $0\sim5\ \mathrm{V}$ 范围内。测试 $v_1$ 及相应的负载电流 $i_L$，结果记录在表 2.3.6 中，绘制转移特性曲线，并求出转移电导 $g$。

表 2.3.6　VCCS 的转移特性测试数据

| 测试值 | $v_1/\mathrm{V}$ | | | | | | | |
|---|---|---|---|---|---|---|---|---|
| | $i_L/\mathrm{mA}$ | | | | | | | |
| 测试计算值 | $g$ | | | | | | | |
| 理论值 | $g$ | | | | | | | |

② 保持 $v_1=2\ \mathrm{V}$，将 $R_L$ 从 0 增至 5 kΩ，测试相应的 $i_L$ 及 $v_2$，结果记录在表 2.3.7 中，绘制负载特性曲线。

表 2.3.7　VCCS 的负载特性测试数据

| $R_L/\mathrm{k\Omega}$ | | | | | | | |
|---|---|---|---|---|---|---|---|
| $i_L/\mathrm{mA}$ | | | | | | | |
| $v_2/\mathrm{V}$ | | | | | | | |

（3）测试受控源 CCVS 的转移特性及负载特性。

实验电路如图 2.3.7 所示。$i_S$ 为直流恒流源（由实验台上的直流电压源与 10 kΩ 的电阻串联等效）。

① 使 $R=10\ \mathrm{k\Omega}$，固定 $R_L=1\ \mathrm{k\Omega}$，调节恒流源输出电流 $i_S$ 使其在 $0\sim1\ \mathrm{mA}$ 内取值，测试 $i_S$ 及相应的 $v_2$ 值，结果记录在表 2.3.8 中，绘制转移特性曲线，并由其线性部分求出转移电阻 $\gamma$。

表 2.3.8　CCVS 的负载特性测试数据

| 测试值 | $i_S/\mathrm{mA}$ | | | | | | | |
|---|---|---|---|---|---|---|---|---|
| | $v_2/\mathrm{V}$ | | | | | | | |
| 测试计算值 | $\gamma$ | | | | | | | |
| 理论值 | $\gamma$ | | | | | | | |

② 保持 $i_S=0.5\ \mathrm{mA}$，将 $R_L$ 从 1 kΩ 增至约 8 kΩ，测试 $v_2$ 及 $i_L$ 值，结果记录在表 2.3.9 中，绘制负载特性曲线。

表 2.3.9　CCVS 的负载特性测试数据

| $R_L/\mathrm{k\Omega}$ | | | | | | | |
|---|---|---|---|---|---|---|---|
| $v_2/\mathrm{V}$ | | | | | | | |
| $i_L/\mathrm{mA}$ | | | | | | | |

（4）测试受控源 CCCS 的转移特性及负载特性。

实验电路如图 2.3.8 所示。

① $R_1=R_2=10$ kΩ，固定 $R_L=1$ kΩ，调节恒流源输出电流 $i_S$，使其在 $0\sim0.6$ mA 范围内，测试 $i_S$ 及相应的 $i_L$ 值，结果记录在表 2.3.10 中，绘制转移特性曲线，并求出转移电流比 $\alpha$。

**表 2.3.10　CCCS 的转移特性测试数据**

| 测试值 | $i_S$/mA | | | | | |
|---|---|---|---|---|---|---|
| | $i_L$/mA | | | | | |
| 测试计算值 | $\alpha$ | | | | | |
| 理论值 | $\alpha$ | | | | | |

② 保持 $i_S=0.3$ mA，将 $R_L$ 从 1 kΩ 增至约 10 kΩ，测试 $i_L$ 及 $v_2$ 值，结果记录在表 2.3.11中，绘制负载特性曲线。

**表 2.3.11　CCCS 的负载特性测试数据**

| $R_L$/kΩ | | | | | | |
|---|---|---|---|---|---|---|
| $i_L$/mA | | | | | | |
| $v_2$/V | | | | | | |

3）测试方案及参数设计（设计性实验）

（1）本实验中受控源输入全部采用直流电源激励，对于交流电源或其他电源激励，请自行设计测试方案。

（2）根据实验原理，仿照以上实验测试方法，自行设计测试方案及数据表格，研究其转移特性和负载特性。具体要求如下：

① 设计一个转移电压比为 3 的电压控制电压源，测试其在负载电阻为 2 kΩ 时的转移特性和负载特性。

② 设计一个转移电导约为 0.667 mS 的电压控制电流源，测试其在负载电阻为 2 kΩ 时的转移特性和负载特性。

③ 设计一个转移电阻为 $-5$ kΩ 的电流控制电压源，测试其在负载电阻为 2 kΩ 时的转移特性和负载特性。

**6. 实验注意事项**

（1）实验中，注意运放双电源供电时电源的极性，运放输出端不能接地，输入电压不得超过 10 V。

（2）测试实验数据时，应尽量避免各电压及电流超出运放的线性范围。

**7. 预习思考题**

（1）若令受控源的控制量极性反向，则其受控量极性如何变化？

（2）受控源的上述转移特性是否适合交流信号？

**8. 实验总结题**

（1）根据实验数据，绘出四种受控源的转移特性和负载特性曲线，并求出相应的转移参数。

（2）对实验的结果进行合理的分析和结论。

（3）在实验中是否出现某些数据与理论值不一致的情况？若是，解释这些数据产生的原因。

（4）心得体会及其他。

# 2.4　线性电路比例性和叠加性及应用

**1．实验导言**

该实验针对线性电路进行特性分析，归纳其比例性和叠加性。线性电路的比例性和叠加性是分析电路时经常用到的性质，我们应对它做到融会贯通。

**2．实验目的**

（1）验证线性电路比例性和叠加性，加深对线性电路性质的认识。

（2）验证基尔霍夫定律，加深对集总电路 KCL、KVL 的理解。

（3）加深对电路分析中的参考方向和参考极性的认识。

**3．实验仪器**

本次实验用到的实验仪器主要有：电工电路实验台、直流电压源、直流电压表、直流毫安表、九孔方板及元件和数字万用表等。

**4．实验原理及说明**

在电路中，基尔霍夫电流定律（KCL）可表述为：对于任意集总电路中的任意节点，在任意时刻，流入（或流出）该节点的所有支路电流的代数和为零，即 $\sum i = 0$。KCL 还可表述为：对于集总电路中的任意节点，在任意时刻，所有流入该节点的电流之和等于所有流出该节点的电流之和，即 $\sum i_{\text{in}} = \sum i_{\text{out}}$。

基尔霍夫电压定律（KVL）可表述为：对于任意集总电路中的任意回路，在任意时刻，沿该回路的所有支路电压降（电压升）代数和为零，即 $\sum v = 0$。KVL 还可表述为：对于集总电路的任意两点，在任意时刻，所有支路电压降（电压升）的代数和相等，即 $\sum v_i = \sum v_j$。

线性电路的性质包括叠加性和比例性。叠加性是指在几个独立源共同作用的线性电路中，每一元件上的电流或电压可以看成每一个独立源单独作用时，在该元件上产生的电流或电压的代数和。比例性是指当激励源增加为原来的 $K$ 倍或减小为原来的 $1/K$ 时，电路的响应 $r(t)$ 也将增加为原来的 $K$ 倍或减小为原来的 $1/K$。

为了验证线性电路的性质和基尔霍夫定律的正确性，可在线性电路元件中加入两个或以上的电压源或电流源，分别测量这些独立电源单独作用和共同作用于电路，以及某个独立电源增大或减小时，电路中所有元件上的电压和流过的电流值，通过对这些测量值进行分析和计算来验证。

当实际电路较复杂时，很难直接判断电路各支路电压和电流的真实方向，需先设定各电压和电流的参考方向或参考极性（一般采用关联参考方向）。测量时，直流仪表的表棒必须按预先设定的参考方向接入电路，若仪表显示数值为正，则说明设定的参考方向与实际电路电流的方向或电压的极性一致，否则相反。

**5．实验内容和步骤**

1）线性电路比例性和叠加性的验证（基本要求）

（1）在九孔方板上组装如图 2.4.1 所示的实验电路，电阻可在几百欧姆至一千欧姆范围任取。

（2）检查电路无误后，调节直流电压源为所需的电压，按照电路中所要求的极性将电源接入电路。

（3）设定电路中所有支路电流和支路电压的参考方向和参考极性，并标注在电路图中。

（4）分别令 $v_{S1}$、$v_{S2}$ 单独作用（可用双掷开关 $S_1$ 及 $S_2$ 实现），用直流电压表和直流毫安表（或数字万用表）测量各元件上电压和各支路电流，并将数据填入表 2.4.1 中。

（5）令 $v_{S1}$、$v_{S2}$ 共同作用，测量各元件上电压和各支路电流，并将数据填入表 2.4.1 中。

（6）将 $v_{S2}$ 的数值调至原来的两倍或原来的二分之一，重复测量各元件上电压和各支路电流，并记录数据。

（7）计算表 2.4.1 中第 6 行的值，并计算相对误差。

（8）将 $v_{S1}$、$v_{S2}$ 分别改为方波（示波器校正信号）和正弦波（5 kHz，$V_{P-P}=0.5$ V），重复上述实验步骤，并记录波形。

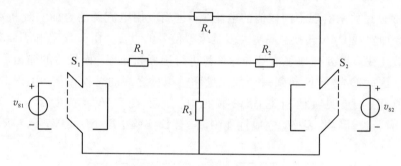

图 2.4.1　实验电路接线图

2）线性电路比例性和叠加性的适用性（研究探索型）

将图 2.4.1 中的电阻 $R_3$ 串联二极管，如图 2.4.2 所示，重复上述实验中的内容和步骤，自行设计实验数据表格（注意增加二极管上的电压）并记录观测的波形，研究线性电路叠加性、比例性和基尔霍夫定律的适用情况。

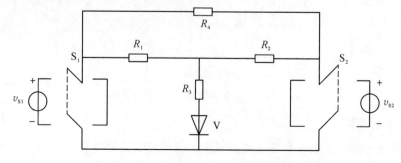

图 2.4.2　将电阻 $R_3$ 串联二极管的实验电路

**表 2.4.1 实验数据记录表**

| 实验内容 | | 测量项目 | | | | | | | |
|---|---|---|---|---|---|---|---|---|---|
| | | $v_{S1}/V$ | $v_{S2}/V$ | $I_1/mA$ | $I_2/mA$ | $I_3/mA$ | $V_{R1}/V$ | $V_{R2}/V$ | $V_{R3}/V$ |
| 1 | $v_{S1}$ 单独作用 | | | | | | | | |
| 2 | $v_{S2}$ 单独作用 | | | | | | | | |
| 3 | $v_{S1}$、$v_{S2}$ 共同作用 | | | | | | | | |
| 4 | $v_{S1}$、$v_{S2}$ 单独作用叠加计算值 | | | | | | | | |
| 5 | $2v_{S2}$ 或 $0.5v_{S2}$ 单独作用 | | | | | | | | |
| 6 | 相对误差（叠加性） | | | | | | | | |
| 7 | 相对误差（比例性） | | | | | | | | |

3）模拟电流源实现 D/A 转换（工程应用型）

本电路通过运放来实现不同权值的电流源，进而应用电流源的叠加实现从数字量到模拟量的转换，即实现 D/A 转换。现实大多是模拟信号的世界，由于数字电子计算机的处理能力很强，故往往借助处理数字信号的计算机进行运算和处理，而最后的输出需要 D/A 转换为模拟量。因此 D/A 转换起到一个数字量和模拟量之间的转换作用。关于 D/A 转换的具体概念和应用，可参见其他相关书籍。模拟电流源实现 D/A 转换的实验参考电路如图 2.4.3 所示，自行设计实验表格，完成性能测试。建议实验中取 $v_S = 2$ V，$R_1 = R = 1$ kΩ。

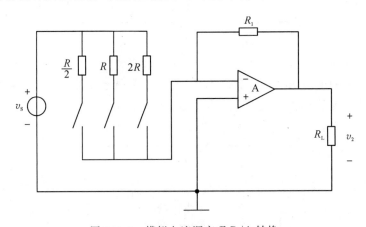

图 2.4.3 模拟电流源实现 D/A 转换

**6. 实验注意事项**

（1）在测量各元件上电压和各支路电流前，应预先设定好各元件上电压和各支路电流的参考极性和参考方向，设定好后在测量过程中应保持不变。

（2）测量各元件上电压和各支路电流时，应注意仪表的表棒极性应按设定的参考极性接入电路，数据记录时应带正负号。

（3）自主选取电阻参数应合适，并注意运放的工作区和输入输出范围，避免出现过大和过小的电压和电流值。

**7. 预习思考题**

（1）实验 1 的电路中，若有一个电阻器是半导体二极管，电路的叠加性与比例性是否还成立？基尔霍夫定律呢？说明理由。

（2）实验过程中，均未考虑 $v_{S1}$、$v_{S2}$ 电源内阻，这样做是否可以？说明理由。

**8. 实验总结题**

（1）根据实验数据说明线性电路的叠加性、比例性及其适用性。

（2）整理实验数据，根据实验记录数值，进行简要的误差计算与分析。

（3）电阻所消耗的功率能否用叠加性计算？根据实验数据进行计算并得出结论。

# 2.5 戴维南定理与诺顿定理

**1. 实验导言**

戴维南定理和诺顿定理实际上是将含源线性单口网络等效为最简单形式的电路结构的定理，该电路结构是从单口网络等效电路中提炼的一般电路结构。

**2. 实验目的**

（1）验证戴维南定理和诺顿定理，加深对定理的理解和认识。

（2）学会并掌握测量有源单口网络等效参数的方法。

（3）初步掌握电路仿真软件 Multisim 12.0 的使用。

**3. 实验仪器**

本实验用到的实验仪器主要有：电工电子实验台、直流电压源、直流电压表、数字万用表、直流毫安表、九孔方板及元件和 Multisim 12.0 软件等。

**4. 实验原理及说明**

戴维南定理指出：任何一个含源线性单口网络，都可以用一个实际电压源来代替，该电压源的电压 $V_S$ 等于此单口网络的开路电压 $V_{oc}$，该电压源的内阻等于此单口网络中所有独立源置零后所得无源网络的等效电阻 $R_o$。等效电压源的内阻 $R_o$ 和开路电压 $V_{oc}$ 称为该单口网络的等效参数。诺顿定理指出：任何一个含源线性单口网络，都可以用一个实际电流源来代替，该电流源的电流等于此单口网络的端口短路电流 $I_{sc}$，该电流源的电阻等于此单口网络中所有独立源置零后所得无源网络的等效电阻 $R_o$。等效电流源的内阻 $R_o$ 和短路电流 $I_{sc}$ 称为该单口网络的等效参数。

单口网络的等效参数可通过实验方法测量，常用的测量方法有开路电压、短路电流法，伏安法。$R_o$ 还可以用实验测试法求得。本实验采用开路电压、短路电流法。

（1）开路电压、短路电流法：如图 2.5.1 所示，由于含源线性单口网络等效的电压源的电压 $V_S$ 就是单口网络的开路电压 $V_{oc}$，电压源的内阻 $R_o$ 就是开路电压与短路电流之比。因此可先测量输出端的开路电压 $V_{oc}$，然后测量短路电流 $I_{sc}$，以获得内阻 $R_o$ 的值：

$$R_o = \frac{V_{oc}}{I_{sc}}$$

需说明的是，这种方法对电流表和电压表的内阻有一定的要求，网络等效内阻 $R_o$ 的值应远小于电压表的内阻，远大于电流表的内阻，否则会影响测量结果。

（2）伏安法：如果线性网络不允许 $a$、$b$ 端开路或短路，可以测量该单口网络的端口特性（可在 $a$、$b$ 端测量接入两个不同 $R_L$ 时的电流值及电压值），则端口特性曲线的延伸线在电压坐标上的截距就是 $V_{oc}$，在电流坐标上的截距就是 $I_{sc}$，如图 2.5.2 所示。此外，也可以求出端口特性曲线的斜率 $\tan\varphi$，即

$$R_o = \tan\varphi = \frac{\Delta V}{\Delta I} = \frac{V_{oc}}{I_{sc}}$$

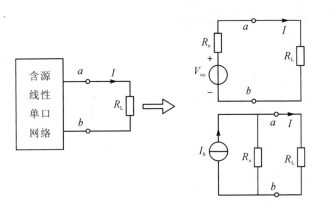
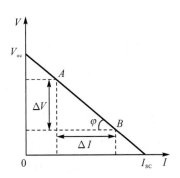

图 2.5.1　含源线性单口网络等效电路和参数　　图 2.5.2　含源线性单口网络外特性曲线

（3）实验测试法求 $R_o$：不接负载时测得端口电压为 $V_{oc}$，将含源线性单口网络的端口接上负载 $R_L$ 后，测出其电压为 $V_{ocr}$，由此得其等效电阻为 $R_o = (V_{oc}/V_{ocr} - 1)R_L$。

验证戴维南定理和诺顿定理，需验证戴维南等效电路和诺顿等效电路端口的伏安关系（VAR）与被等效的含源线性单口网络的 VAR 是否完全一致。在理论课程中，这种关系可以通过求解电路，用数学关系式表示。在实验中，一般可通过分别测出在任意不同负载条件下端口的电压和电流值，取多组数据拟合成 $V$-$I$ 平面上的一条曲线，这条曲线即反映了端口的 VAR 特性。如果等效电路所得 $V$-$I$ 平面上的曲线和原电路曲线是完全重合的，即说明它们的 VAR 是相同的，也就证明它们是等效的。通过测出实验数据，得到拟合曲线，从而判断电路的性质和特点是电路实验中常用的行之有效的方法。

**5. 实验内容及步骤**

1）定理的验证（基本要求）

（1）被测含源线性单口网络如图 2.5.3(a)所示搭建电路，图中的电阻值在几百欧姆内

任取，电源电压可用 12 V。测量该电路的等效参数 $V_{oc}$、$I_{sc}$，用开路电压、短路电流法计算 $R_o$。虚线框内的含源线性单口网络可等效为图 2.5.3(b) 的电压源 $V_{oc}$ 与内阻 $R_o$ 串联电路，记录数据：$V_{oc}=$ _____，$I_{sc}=$ _____，$R_o=V_{oc}/I_{sc}=$ _____。

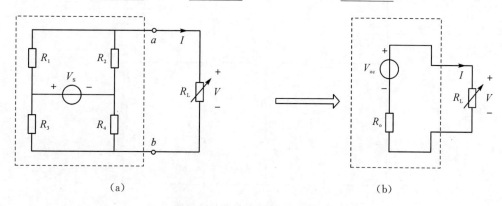

(a)　　　　　　　　　　　　　(b)

图 2.5.3　含源线性单口网络

（2）用伏安法测量含源线性单口网络的外特性。

按图 2.5.3(b) 所示，尽量选取本实验提供的电阻器，并将负载 $R_L$ 接入含源线性单口网络，形成闭合回路。改变负载电阻 $R_L$ 的值，从 0 开始较均匀地取约十个点的数据，测量其两端的电压及流过的电流值，并将数据记录在表 2.5.1 中。

表 2.5.1　含源线性单口网络等效电路伏安特性数据

| $R_L/\Omega$ | | | | | | | | | |
|---|---|---|---|---|---|---|---|---|---|
| $V/V$ | | | | | | | | | |
| $I/mA$ | | | | | | | | | |

（3）如图 2.5.3(b) 所示，$V_{oc}$ 为等效电压源电压，其值为实验中测得的开路电压值，$R_o$ 为等效电压源的内阻（可用电位器模拟或通过已有电阻串并联等效）。若 $I_{sc}$ 为等效电流源的电流，仿照实验 1 中的步骤（2），外接一负载电阻 $R_L$，改变负载电阻的值，测量该电路的外特性，并对戴维南定理进行验证。测量数据记录在表 2.5.2 中。

表 2.5.2　戴维南等效网络伏安特性数据

| $R_L/\Omega$ | | | | | | | | | |
|---|---|---|---|---|---|---|---|---|---|
| $V/V$ | | | | | | | | | |
| $I/mA$ | | | | | | | | | |

2）诺顿定理的验证（仿真实验）

通过 Multisim 12.0 软件完成诺顿定理的验证实验，实验的步骤和方法与验证戴维南定理类似，只需将戴维南等效电路修改为诺顿等效电路即可。

3）含受控源的戴维南等效电路仿真

用 Multisim 12.0 软件对图 2.5.4 所示电路进行仿真（图中所有电阻 $R$ 取 1 k$\Omega$），并求

解该电路除去 $R_L$（即从 $a-b$ 端向左看进去）的戴维南和诺顿等效电路，并验证戴维南定理和诺顿定理。

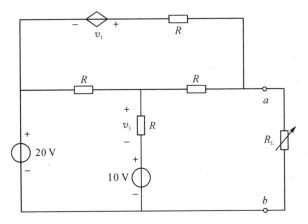

图 2.5.4　含受控源的仿真电路

### 6. 实验注意事项

（1）实验中，若出现独立源置零的情况，可用一根短路导线代替理想电压源，不可将提供该独立源的稳压源短接。

（2）若用数字万用表直接测量电路 $R_0$ 时，含源线性单口网络内的独立源必须先置零，以免损坏数字万用表。

### 7. 预习思考题

（1）在求戴维南等效电路时，要测短路电流 $I_{sc}$，电路应满足什么条件？在本实验中可否做负载短路实验？

（2）将测量含源线性单口网络开路电压及等效内阻的几种方法进行比较，说明其特点。

（3）解释本实验原理中实验测试法求 $R_0$ 的原理。

### 8. 实验总结题

（1）根据实验内容 1，分别绘出原电路和等效后电路的伏安特性曲线，并验证戴维南（诺顿）定理。若有误差，分析产生误差的原因。

（2）如果实验中的某个电阻元件换成普通二极管，能否验证戴维南定理和诺顿定理，说明原因。

（3）写出实验体会或其他。

# 第 3 章　动态电路及其响应

含有电容或电感等动态元件的电路称为动态电路，一阶动态电路包括一阶电阻电容 ($RC$) 和一阶电阻电感 ($RL$) 电路。在动态电路中，动态储能元件能量的存储和释放要经过一个变化过程才达到稳定值。

一阶动态电路的过渡过程虽然短暂，却十分重要，在电子技术中应用相当广泛。而通过实验的方法研究动态电路可以方便、直观地观测和记录该过渡过程，加深对其的理解和认识并逐步加以应用。

分析动态电路过渡过程常用的方法是依据 VAR 建立微分方程。若所描述动态电路特性的方程为一阶常微分方程，则称该电路为一阶动态电路；若该方程是二阶常微分方程，则称该电路是二阶动态电路，其可能同时含有两个动态元件。

## 3.1　一阶动态电路及其应用

**1. 实验导言**

一阶动态电路结合集成电路在电子技术中具有广泛应用，在我国，集成电路属于"卡脖子"技术，发展集成电路先进工艺任重道远。

**2. 实验目的**

（1）掌握一阶动态电路各类响应的特点和规律。

（2）掌握用示波器观察波形并测量一阶动态电路时间常数的方法。

（3）理解积分、微分电路的设计。

（4）会用集成电路 555 芯片结合一阶动态电路设计脉冲波。

**3. 实验仪器**

本实验用到的实验仪器主要有：函数信号发生器、示波器、数字万用表、电工电路实验台和九孔方板及元器件等。

**4. 实验原理及说明**

1）一阶动态电路充放电规律及应用

一阶动态电路分为一阶 $RC$ 电路和一阶 $RL$ 电路两种。以一阶 $RC$ 电路为例，零状态响应时，电容电压由零通过电阻充电到稳态值，电容电压变化过程可表示为

$$V_C(t) = V_S(1 - e^{-t/\tau}) \quad t \geq 0$$

零输入响应时，电容电压通过电阻放电到零，这一阶段电容电压的响应可表示为

$$V_C(t) = V_S e^{-t/\tau} \quad t \geq 0$$

为便于用示波器观测波形，直流电压源变成可以重复的方波信号。只要方波的周期足

够长，在方波作用期间，电路的暂态过程基本结束（$T/2 \geqslant 5\tau$，$T$ 为方波周期），则方波的正脉宽引起零状态响应，方波的负脉宽引起零输入响应。这样就可实现对 $RC$ 电路的零状态响应和零输入响应的观察，如图 3.1.1 所示。一阶 $RC$ 电路的响应按指数规律增长或衰减，如图 3.1.2 所示。设 $t=0$ 时电容电压从 0 开始上升，$t=\infty$ 时，电压上升至 $V_{\mathrm{S}}$。而电压由 0 上升至 $V_{\mathrm{S}}/2(K_1$ 点）所需时间为 $\Delta t = 0.69\tau$，由 0 上升到 $0.632V_{\mathrm{S}}(K_2$ 点）所经历的时间为 $\tau$。事实上，曲线上任意一点开始都遵从这一规律。

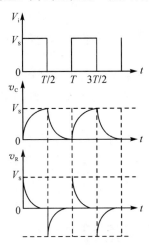

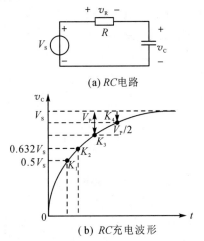

(a) $RC$ 电路

(b) $RC$ 充电波形

图 3.1.1　方波激励下 $v_{\mathrm{C}}(t)$ 和 $v_{\mathrm{R}}(t)$ 波形　　图 3.1.2　一阶 $RC$ 电路电容的暂态响应波形

因此用示波器测量动态电路的时间常数 $\tau$，只要从示波器上读出 $\Delta t$，再利用 $\Delta t/0.69$ 即可求得 $\tau$。在示波器上观察 $v_{\mathrm{C}}$ 波形时，要使屏幕上波形以及起点电压与稳态电压 $V_{\mathrm{S}}$ 之间的差值 $V_{\mathrm{P}}$ 尽可能大，同时使水平展宽的 $\Delta t$ 对应的长度尽量长些，以减小读取 $\Delta t$ 时的误差。

$RC$ 电路在不同激励条件下，且当电路的元件参数和输入信号的周期之间存在某种特定的关系时，可构成简单的积分电路和微分电路，起到波形变换的作用。

积分电路和微分电路如图 3.1.3(a) 和 (b) 所示。当电路在如 3.1.3(c) 所示方波信号激励下满足：输出电压 $V_{\mathrm{o}}(t)$ 是电容上的响应；电路的时间常数 $\tau$ 远大于输入方波的重复周期 $T$，即 $\tau = RC \gg T/2$，此时有

$$\begin{cases} v_{\mathrm{R}}(t) \gg v_{\mathrm{C}}(t) \\ v_{\mathrm{R}}(t) \approx v_{\mathrm{i}}(t) \end{cases}$$

因此，$i(t) = \dfrac{v_{\mathrm{R}}(t)}{R} \approx \dfrac{v_{\mathrm{i}}(t)}{R}$，则 $v_{\mathrm{o}}(t) = v_{\mathrm{C}}(t) = \dfrac{1}{C}\displaystyle\int i(t)\mathrm{d}t \approx \dfrac{1}{RC}\displaystyle\int v_{\mathrm{i}}(t)\mathrm{d}t$，输出信号电压与输入信号电压的积分近似成正比。当输入信号为周期方波信号时，输出响应电压近似为三角波，且其峰值远小于输入信号，如图 3.1.3(d) 所示。

如图 3.1.3(b) 所示，当微分电路满足：输出电压 $V_{\mathrm{o}}(t)$ 是电阻 $R$ 上的响应，电路的时间常数 $\tau \ll T/2$ 时，电路可近似实现微分。因为

$$\begin{cases} v_{\mathrm{R}}(t) \ll v_{\mathrm{C}}(t) \\ v_{\mathrm{C}}(t) \approx v_{\mathrm{i}}(t) \end{cases}$$

因此 $v_{\mathrm{o}}(t) = v_{\mathrm{R}}(t) = Ri(t) = RC\dfrac{\mathrm{d}v_{\mathrm{C}}(t)}{\mathrm{d}t} \approx RC\dfrac{\mathrm{d}v_{\mathrm{i}}(t)}{\mathrm{d}t}$，输出电压近似与输入电压的微分成正

比。若输入电压为周期方波信号，则输出的响应电压为周期窄脉冲，如图 3.1.3（e）所示。

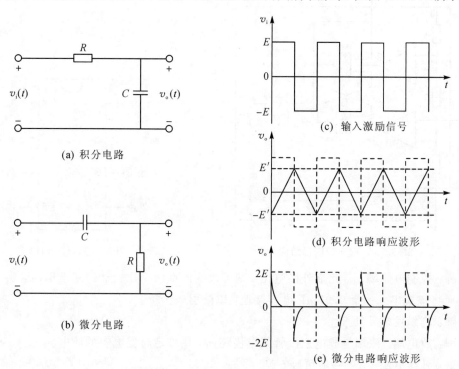

(a) 积分电路

(b) 微分电路

(c) 输入激励信号

(d) 积分电路响应波形

(e) 微分电路响应波形

图 3.1.3 积分、微分电路及其响应

2）基于集成芯片 555 定时器的应用

集成芯片 555 是一种模拟和数字功能相结合的集成定时器，可在 4.5～16 V 工作。该定时器成本低，性能可靠，只需要外接几个电阻、电容，就可以实现多谐振荡器、单稳态触发器及施密特触发器等脉冲产生与变换电路功能。它也常作为定时器广泛应用于仪器仪表、家用电器、电子测量及自动控制等方面。555 内部结构如图 3.1.4 所示，它包括两个电压比较器 $C_1$ 和 $C_2$，三个 5 kΩ 的等值串联电阻 $R$，一个 RS 触发器（对应图中 $\overline{R}$、$\overline{S}$ 门电路），一个放电三极管 V 及功率输出级。它提供两个基准电压 $V_{CC}/3（V_{C2}）$ 和 $2V_{CC}/3（V_{C1}）$。555 定时器的功能主要由两个比较器决定。两个比较器的输出电压控制 RS 触发器和放电三极管的状态。

加上电源后，5 脚悬空时，电压比较器（$C_1$）的同相输入端的电压为 $2V_{CC}/3$，另一个电压比较器（$C_2$）的反相输入端的电压为 $V_{CC}/3$。若触发输入端 $\overline{TR}$ 的电压小于 $V_{CC}/3$，则 $C_2$ 的输出为 0，可使 RS 触发器置 1，使输出端 $v_o = V_{CC}$。如果阈值输入端 TH 的电压大于 $2V_{CC}/3$，同时 $\overline{TR}$ 端的电压大于 $V_{CC}/3$，则 $C_1$ 的输出为 0，$C_2$ 的输出为 $V_{CC}$，可将 RS 触发器置 0，使输出为低电平。

555 的各个引脚如图 3.1.5 所示，功能如下：

1 脚：外接电源负端或接地，一般情况下接地。

2 脚：低触发端 $\overline{TR}$。

3 脚：输出端 $v_o$。

4 脚：直接清零端。此端接低电平有效，该端不用时应接高电平。

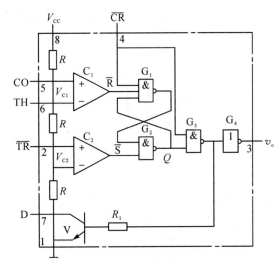

图 3.1.4　555 的内部结构

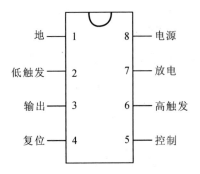

图 3.1.5　555 引脚图

5 脚：控制电压端。若此端外接电压，则可改变内部两个比较器的基准电压，当该端不用时，应将该端串入一个 $0.01\ \mu$F 电容接地，以防引入干扰。

6 脚：高触发端 TH。

7 脚：放电端。该端与放电三极管集电极相连，用作定时器电容的放电。

8 脚：外接电源 $V_{cc}$，一般可接 5 V。

图 3.1.6(a)所示是一个多稳态电路，此时 555 如同一个自动电压控制开关。其工作过程如下：当加上电源时，由电源 $V_{cc}$ 经 $R_1$ 和 $R_2$ 给 $C$ 充电，$v_c$ 上升，这时的输出 $v_o$ 与电源相连，为 $V_{cc}$；而当电容上的电压达到 $2V_{cc}/3$ 时，7 脚接地，电容经 $R_2$ 放电，这时的输出 $v_o$ 接地为零；当电容电压下降至 $V_{cc}/3$ 时，7 脚又断开，电容再次由 $V_{cc}$ 经 $R_1$ 和 $R_2$ 给 $C$ 充电，$v_c$ 又再次上升，这时的输出 $v_o$ 又与电源相连，为 $V_{cc}$。整个过程依次重复，从而使得输出为脉冲波形。波形如图 3.1.6(b)所示。

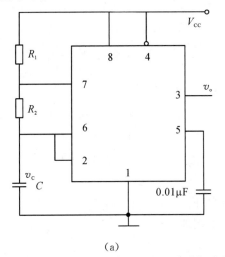

(a)

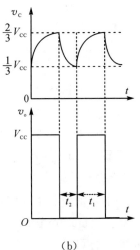

(b)

图 3.1.6　多谐振荡器电路和波形

可以证明暂稳态时间 $t_1 = 0.69(R_1 + R_2)C$；$t_2 = 0.69R_2C$，脉冲周期 $T = t_1 + t_2$，占空比

为 $D=t_1/T$。

**5. 实验内容及步骤**

1）一阶 $RC$ 电路暂态响应的观察及 $\tau$ 值的测量

（1）根据图 3.1.2(a) 所示的实验电路，在电路板上连接电路。图中 $V_S$ 为函数信号发生器提供的方波信号 $v_S(t)$，输出信号 $v_o(t)=v_C$ 用示波器观察并测量。

（2）将函数信号发生器的输出信号通过同轴电缆线接入实验电路的输入端，同时将该信号通过另一条电缆线输入到示波器的 CH1 通道。

（3）将电路的输出响应信号送到示波器的 CH2 通道。并注意输入、输出的接地端保持"共地"。

（4）将示波器的输入耦合方式开关置于"DC"挡，调节函数信号发生器的相关旋钮使之输出 $V_{P-P}=4.0$ V，$f=500\sim1000$ Hz 的方波，观察并记录 CH1 和 CH2 通道信号的波形。

（5）保持电路输入信号不变，改变元件 $R$ 和 $C$ 参数，观察电路的输出响应波形。了解时间常数改变对电路响应的影响。

2）积分电路和微分电路的观测

（1）根据积分电路和微分电路的形成条件，保持原方波信号，选择合适的 $R$、$C$ 元件，组成如图 3.1.3(a)、(b) 所示的积分电路和微分电路。观测并描绘在此激励信号作用下响应 $v_o$ 的波形。

（2）在不改变信号激励频率和积分电路条件的情况下，改变 $R$ 或 $C$ 的值，观测并描绘响应的波形，记录相关元件参数。

注意：由于积分电路时 $\tau=RC\gg T/2$，响应波形峰值很小，所以应将 $Y$ 轴灵敏度开关 $V/DIV$ 顺时针方向打小几挡才能观察到波形。而微分电路时，由于响应波形是窄脉冲，为便于观测信号的幅度，$R$ 和 $C$ 的值不能取得太小。

3）一阶 $RL$ 电路响应的研究

一阶 $RL$ 电路与一阶 $RC$ 电路具有对偶关系，仿照对一阶 $RC$ 电路的研究，自行设计实验实现一阶 $RL$ 电路的观测及时间常数测量，研究电路参数对响应的影响，设计并实现 $RL$ 积分和微分电路，相关理论分析可见相关参考文献等。

4）555 多谐振荡实验设计

用 555 定时器设计实现一个符合要求的脉冲波，通过实际测量验证设计结论。

（1）频率为 300 Hz、450 Hz、660 Hz、850 Hz 或 1500 Hz 其中之一，根据实验台序号不同而不同，占空比没有要求。

（2）频率为 1 kHz，占空比为 3/5、2/3、3/4、4/5、0.9 其中之一，根据实验台序号不同而不同。

（3）只改变一个元件，使频率从 300 Hz 至 30 kHz 粗调，或从 3 kHz 至 300 kHz 粗调，但占空比不变。

（4）只改变一个元件，使频率从 4 kHz 至 10 kHz 变化，同时占空比从 0.6 至 0.9 变化；或频率从 2 kHz 至 5 kHz 变化，同时占空比也从 0.6 至 0.9 变化。

**6. 实验注意事项**

（1）输入输出信号须共地，同轴电缆线信号端和接地端不能调换。

（2）电阻电容元件要选取合适，使输出不要太小或太大，否则会增加信号观测难度。

### 7. 预习思考题

（1）怎样的电信号同时可作为一阶动态电路零输入响应、零状态响应和完全响应的激励信号？

（2）试推导原理中测量时间常数 $\tau$ 的计算过程。

（3）了解 555 芯片的工作原理并设计元器件参数。

### 8. 实验总结题

（1）根据实验观测结果，归纳、总结积分、微分电路的形成条件，说明波形变换的特征。

（2）若将一阶 $RC$ 电路改为一阶 $RL$ 电路，对于方波激励，分析电路的响应波形。

（3）根据 555 多谐振荡实验测量数据、波形给出实验结论。

（4）写出实验总结、收获或体会。

# 3.2 二阶动态电路响应及观测

### 1. 实验导言

二阶动态电路求解依赖于二阶常微分方程的求解，由于该求解过程比较复杂，因此学好高等数学的相关内容对电子信息类专业的学生也是十分重要的。

### 2. 实验目的

（1）观测二阶动态电路响应的特点和规律。

（2）了解二阶动态电路元件参数对响应的影响。

（3）巩固和加强电子测量仪器的使用能力。

### 3. 实验仪器

本实验用到的主要实验仪器主要有：示波器、功率函数信号发生器和九孔方板及元件等。

### 4. 实验原理及说明

当电路中含有两个独立的储能元件时就构成二阶动态电路。描述该二阶动态电路的是一个二阶常微分方程，对应特征方程的根有两个。当电路元件参数发生改变时，两个特征根也将随之发生改变，因而电路可能会出现欠阻尼、过阻尼和临界阻尼三种情况。

图 3.2.1 所示为二阶 $RLC$ 串联电路，根据 KVL 有如下方程：

$$LC\frac{\mathrm{d}^2 v_\mathrm{C}}{\mathrm{d}t^2}+RC\frac{\mathrm{d}v_\mathrm{C}}{\mathrm{d}t}+v_\mathrm{C}=V_\mathrm{s}$$

图 3.2.1 二阶 $RLC$ 串联电路

根据电路的初始状态及 $t>0$ 时激励电源的不同，可分别求出零输入响应、零状态响应及完全响应。以零输入响应为例，此时方程为

$$LC\frac{\mathrm{d}^2 v_C}{\mathrm{d}t^2}+RC\frac{\mathrm{d}v_C}{\mathrm{d}t}+v_C=0$$

其特征根为：$s_{1,2}=-\dfrac{R}{2L}\pm\sqrt{\left(\dfrac{R}{2L}\right)^2-\dfrac{1}{LC}}=-\alpha\pm\sqrt{\alpha^2-\omega_0^2}$。其中 $\alpha=-\dfrac{R}{2L}$ 称为衰减系数，$\omega_0=\dfrac{1}{\sqrt{LC}}$ 称为谐振角频率。$s_1$、$s_2$ 决定了零输入响应的形式。根据 $R$、$L$、$C$ 元件参数的不同，电路可能会出现三种情况。

1）过阻尼

当 $\alpha>\omega_0$，即 $R>2\sqrt{\dfrac{L}{C}}$ 时为过阻尼情况，这时 $s_1$ 和 $s_2$ 为两个不相等的负实根，其解形式为 $v_C(t)=A_1\mathrm{e}^{s_1 t}+A_2\mathrm{e}^{s_2 t}$。其中 $A_1$、$A_2$ 为待定系数，可根据具体的初始条件确定。此时电路响应是非振荡衰减的。

2）临界阻尼

当 $\alpha=\omega_0$，即 $R=2\sqrt{\dfrac{L}{C}}$ 时为临界阻尼情况，这时 $s_1=s_2=-\alpha$ 为相等负实根，其解形式为 $v_C=(A_1+A_2 t)\mathrm{e}^{-\alpha t}$，其中 $A_1$、$A_2$ 为待定系数。此时电路响应也是非振荡衰减的，但是，这种过程是振荡与非振荡的分界线，称为临界阻尼状态。此时的电阻称为阻尼电阻。

3）欠阻尼

当 $\alpha<\omega_0$，即 $R<2\sqrt{\dfrac{L}{C}}$ 时为欠阻尼情况，这时 $s_1$ 和 $s_2$ 为一对共轭复数，其解形式为 $v_C=\mathrm{e}^{-\alpha t}(A_1\cos(\omega_d t)+A_2\sin(\omega_d t))=A\mathrm{e}^{-\alpha t}\cos(\omega_d t+\theta)$，其中 $A_1$、$A_2$ 和 $A$ 为待定系数，而 $\omega_d=\sqrt{{\omega_0}^2-\alpha^2}$。可见此时的响应是衰减振荡，如图 3.2.2 所示。

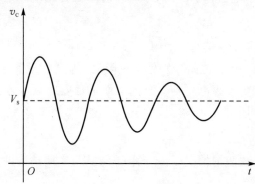

图 3.2.2　二阶动态电路欠阻尼振荡波形

**5. 实验内容及步骤**

1）观测三种状态电路响应（基础实验）

（1）按图 3.2.3 所示连接电路和仪器，将图中的 $v_C$ 信号送入示波器的 CH1 通道，$v_R$ 信号（用电阻上的电压近似电感电流，因为电感电流正比于电阻电压）送入示波器的 CH2 通道。

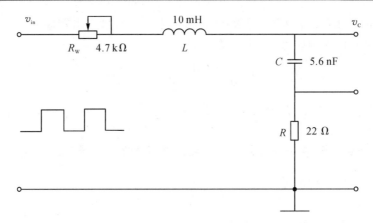

图 3.2.3 实验电路和参数

（2）在电路的 $v_{in}$ 处输入 $V_{P-P}=2$ V、$f=1$ kHz 的方波作为二阶动态电路的激励，调节电路中的电位器的阻值，使电路处于过阻尼状态，观察并绘制 $v_C$、$v_R(I_L)$ 的波形图。

（3）改变电位器的阻值，使电路处于临界阻尼状态，观察并绘制 $v_C$、$v_R(I_L)$ 的波形图。

（4）继续改变电位器的阻值，使电路处于欠阻尼状态，观察并绘制 $v_C$、$v_R(I_L)$ 的波形图。

2）测振荡角频率 $\omega_d$ 的值（基础实验）

在欠阻尼时，从示波器上测得 $\omega_d$ 的值，并将其与实际计算值进行比较。

3）状态轨迹的显示和观测（提高要求）

将示波器 $X$-$Y$ 开关打开，观测并记录状态变量 $v_C$、$I_L(v_R)$ 形成的轨迹。

**6. 实验注意事项**

（1）为了使瞬态过程周期性重复出现便于用示波器观察，可用阶跃信号代替方波激励。

（2）观测 $v_C$ 信号的同轴电缆的两个夹子，分别接 $v_C$ 输出端和地。

**7. 预习思考题**

（1）预习有关二阶 $RLC$ 电路响应的解的形式相关理论知识。

（2）根据实验电路图，计算电路分别处于过阻尼、临界阻尼和欠阻尼时的串联电阻。

（3）实验中实际观测的电容电压是 $v_C+v_R$，而不是电压 $v_C$，这样可以同时观测两个状态变量，分析这么操作原因。

**8. 实验总结题**

根据实验参数，计算欠阻尼情况下 $\omega_d$ 的值，将其与实测结果进行比较并作误差分析。

# 第4章　正弦稳态交流电路

本章实验涉及的主要内容有：正弦交流电路元件阻抗特性观测及参数测量，正弦稳态电路相量和功率因素的提高，三相交流电路的研究，$RC$ 选频网络的研究、互感电路的观测、$RLC$ 串联谐振电路设计等。通过这些实验的训练，学生将对正弦稳态交流电路具有更深刻的理解和认识，同时也能掌握和巩固各类交流仪表的正确使用方法，学会交流电路中各种元件参数及电路参数的测试方法和测试技能，具备更好的电路分析、仿真和设计能力。

## 4.1　正弦交流电路元件阻抗观测及参数测量

**1. 实验导言**

交流电路在整个电工电子课程中占据非常重要位置，但由于在中学期间没有涉及，学生往往会有畏难情绪，导致学习效果不尽理想。希望同学们能直面困难，勇于面对各种挑战。

**2. 实验目的**

(1) 掌握测量 $R$、$L$、$C$ 元件阻抗频率特性的方法。

(2) 掌握测量电压、电流间相位差的方法，加深元件相位关系的理解。

(3) 掌握二表法测量交流电路等效参数的方法。

(4) 基本掌握交流仪器仪表的使用方法。

**3. 实验仪器**

本实验用到的实验仪器主要有电工电路实验台、函数信号发生器、示波器、交流毫伏表（或数字电压表）、数字万用表和九孔方板及元件等。

**4. 实验原理及说明**

在正弦稳态交流电路中，当元件两端的电压与流过的电流采用关联参考方向时，理想电阻器、电容器、电感器的阻抗特性分别如下：

(1) 电阻：

$$Z_R = R = \frac{\dot{V}_R}{\dot{I}_R} = \frac{V_R}{I_R} \angle 0°$$

该式表明在正弦稳态交流电路中，电阻元件的阻抗为其两端电压与流过的电流之比，且电流、电压同相。

(2) 电容：

$$Z_C = \frac{1}{j\omega C} = \frac{\dot{V}_C}{\dot{I}_C} = \frac{V_C}{I_C} \angle -90°$$

该式表明在正弦稳态交流电路中，电容元件的阻抗不仅与其两端的电压、流过的电流有关，还与信号的频率成反比，且电流超前电压90°。

（3）电感：
$$Z_L = j\omega L = \frac{\dot{V}_L}{\dot{I}_L} = \frac{V_L}{I_L} \angle 90°$$

该式表明在正弦稳态交流电路中，电感元件的阻抗不仅与其两端的电压、流过的电流有关，还与信号的频率成正比，且电压超前电流90°。

阻抗频率特性是指在正弦稳态交流电路中，$R$、$L$、$C$ 元件的阻抗 $Z$ 与输入信号频率 $f$ 之间的关系。阻抗频率特性包含两方面的内容：幅频特性和相频特性，其中幅频特性反映了元件阻抗的大小与信号频率的关系，相频特性反映了元件阻抗角的大小与信号频率之间的关系。理想 $R$、$L$、$C$ 元件阻抗幅频特性为电阻的阻值，不随频率的变化而变化，电感元件的感抗随频率的增大而增大，电容元件的容抗随频率的增大而减小。元件的阻抗角 $\varphi$（即元件端电压与电流间的相位差），反映了元件阻抗相频特性，可由示波器测得。在一定的频率范围内，电阻元件的阻抗角为0°，电感元件的阻抗角为90°，电容元件的阻抗角为 $-90°$。

对 $R$、$L$、$C$ 元件阻抗频率特性的测量可采用二表法，测量电路如图4.1.1所示。

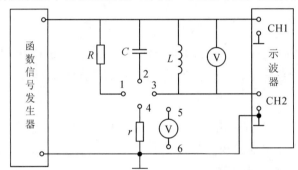

图4.1.1　元件阻抗频率特性测量电路

在正弦稳态交流电路中，任何一个线性时不变无源单口网络都可以用一个阻抗 $Z$ 或导纳 $Y$ 来等效。若用阻抗 $Z = R + jX$ 等效，则该单口网络可以看成电阻 $R$ 和电抗 $X$ 的串联。对于一个线性无源单口网络，可采用二表法测量其等效阻抗值和导纳值。

**5. 实验内容及步骤**

1）$R$、$L$、$C$ 元件阻抗幅频特性的测量（基本要求）

按图4.1.1连线，$R$、$L$、$C$ 元件参数分别选用 1 kΩ、0.1 μF、10 mH，取样电阻采用 51 Ω标准电阻。按表4.1.1要求调节函数信号发生器输出正弦信号的频率，使其从 1 kHz 逐渐增大到 20 kHz，同时用交流毫伏表观测函数信号发生器的输出幅度，调节函数信号发生器的幅度旋钮，使其在输出信号频率变化的情况下始终保持输出有效值为 5 V。

依次接通图4.1.1中的1、4端，2、4端，3、4端，用数字电压表或交流毫伏表分别测量各元件两端的电压值及取样电阻 $r$ 两端的电压值，并将结果填入表4.1.1中。

根据 $R$、$L$、$C$ 元件的阻抗特性，由表4.1.1所得各值换算得各元件的参数值分别为：
$R =$ _____ kΩ，$C =$ _____ μF，$L =$ _____ mH。

**表 4.1.1　元件阻抗幅频特性参数测量**

| 频率 $f$/kHz | | 1 | 2 | 5 | 10 | 15 | 20 |
|---|---|---|---|---|---|---|---|
| $R$/kΩ | $V_r$/V | | | | | | |
| | $V_R$/V | | | | | | |
| | $I_R(=V_r/r)$/mA | | | | | | |
| | $R(=V_R/I_R)$/kΩ | | | | | | |
| $X_L$/kΩ | $V_r$/V | | | | | | |
| | $V_L$/V | | | | | | |
| | $I_L(=V_r/r)$/mA | | | | | | |
| | $X_L(=V_L/I_L)$/kΩ | | | | | | |
| $X_C$/kΩ | $V_r$/V | | | | | | |
| | $V_C$/V | | | | | | |
| | $I_C(=V_r/r)$/mA | | | | | | |
| | $X_C(=V_C/I_C)$/kΩ | | | | | | |

2）$R$、$L$、$C$ 元件阻抗相频特性的测量（基本要求）

用示波器的 CH1、CH2 通道分别观测各元件的电压波形和流过的电流波形，测量并将结果记录在表 4.1.2 中，画出信号频率为 20 kHz 时各元件上的电压和流过的电流波形。

**表 4.1.2　元件阻抗角参数测量**

| 频率 $f$/kHz | 1 | 2 | 5 | 10 | 15 | 20 |
|---|---|---|---|---|---|---|
| 相位差格数 $m$ | | | | | | |
| 周期格数 $n$ | | | | | | |
| 阻抗角 $\varphi$/(°) | | | | | | |

3）单口网络等效参数测量（研究性实验）

任取图 4.1.1 中两种不同性质的元件将其并联，再与取样电阻 $r$ 串联构成线性无源单口网络，选取合适的信号幅度和频率，用上述方法测量该网络的等效阻抗，并通过测量该网络的阻抗角，判断网络的阻抗性质。自行设计测量表格，记录上述测量结果。

**6. 实验注意事项**

（1）测量电压时，如果使用的是交流毫伏表，则必须先调零并选择合适的量程。

（2）在整个测量过程中，应始终保持函数信号发生器输出信号的幅度不变。

（3）测量阻抗角 $\varphi$ 时，应使示波器两通道 $V$/DIV、$T$/DIV 的微调旋钮处于校准位。

**7. 预习思考题**

（1）测量 $R$、$L$、$C$ 元件的阻抗角时，为何要串联一个取样电阻？是否有阻值大小要求？

（2）对实验内容及步骤中的各项内容进行预习和仿真。

### 8. 实验总结题

（1）整理实验数据，并据此总结 R、L、C 元件的阻抗特性。

（2）分析实验数据并与理想元件的阻抗频率特性进行比较，说明实际器件的等效模型及其阻抗特性与测试信号频率的关系。

（3）分析电感元件阻抗角测试参数的变化情况，并与理论情况进行比较，说明产生的原因。

## 4.2　正弦稳态电路相量及功率因数的提高

### 1. 实验导言

相量是分析正弦稳态电路最重要的工具。在学习和研究中，当直接解决问题比较困难时，可以用间接或者变换的思想，将时域问题转化为相量问题来简化正弦稳态电路的分析，此方法对电阻电路的定律和定理都适用。

### 2. 实验目的

（1）掌握用三表法测量正弦交流电路器件参数的方法。

（2）理解荧光灯电路的工作原理，学会荧光灯线路的连线。

（3）理解相量在交流电路中的应用。

（4）理解提高感性负载功率因数的意义，并掌握功率因素的测量方法。

### 3. 实验仪器

本实验用到的实验仪器主要有：电工电路实验台、交流电流表、交流电压表、单相功率表和日光灯启辉器等。

### 4. 实验原理及说明

测量电路如图 4.2.1 所示，用三表法测量正弦交流电路器件参数。

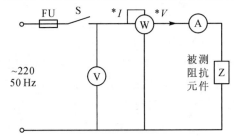

图 4.2.1　三表法测量正弦交流电路器件参数

图 4.2.1 中功率表用于测量电路中的有功功率，图中 $^*V$ 和 $^*I$ 分别代表功率表电压线圈和电流线圈的公共端，只有两者接在一起，功率表才能正常测量。本实验功率表采用电压线圈前接方式，信号源采用市网电源，频率为 50 Hz，阻抗元件分别为镇流器、各种电容器。通过测量阻抗元件在交流电路中的电压值、电流值和功率值，并根据其各自的等效电路间接求得各元件的参数值。

在正弦稳态交流电路中，各节点电流及回路电压间仍满足基尔霍夫定律，但与线性电阻电路不同：节点电流间或回路电压间满足的是相量形式的基尔霍夫定律。如在 $R$、$L$、$C$ 串联电路中，回路电压应满足 $\dot{V}_R + \dot{V}_L + \dot{V}_C = \dot{V}_S$，电路如图 4.2.2 所示。在 $R$、$C$、$L$ 并联电路中，各支路电流满足 $\dot{I}_R + \dot{I}_L + \dot{I}_C = \dot{I}_S$，电路如图 4.2.3 所示。

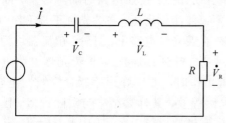

图 4.2.2　$R$、$L$、$C$ 串联电路

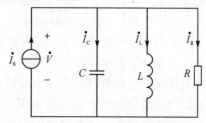

图 4.2.3　$R$、$C$、$L$ 并联电路

上述电压、电流间关系可用相量图表示。当 $R$、$L$、$C$ 三者串联时，流过各个元件的电流均为 $\dot{I}$，而各个元件上的电压相量分别是 $\dot{V}_R$ 与 $\dot{I}$ 同相、$\dot{V}_L$ 超前 $\dot{I}$ 90°、$\dot{V}_C$ 滞后 $\dot{I}$ 90°，由此得到的三者串联后的总电压相量如图 4.2.4 所示，图中 $\varphi$ 为 $R$、$L$、$C$ 串联电路的阻抗角。同理，$R$、$L$、$C$ 三者并联后的总电流相量如图 4.2.5 所示，其中，$\varphi$ 为 $R$、$C$、$L$ 串联电路的阻抗角。

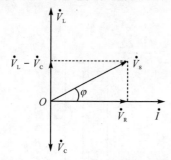

图 4.2.4　$R$、$L$、$C$ 串联电路相量图

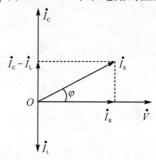

图 4.2.5　$R$、$C$、$L$ 并联电路相量图

荧光灯电路组成如图 4.2.6 所示。该电路由灯管、镇流器和启辉器三部分组成，其中启辉器与灯管并联。由于灯管需要高压才能放电发光，因此当接通电源瞬间，灯管并未导通，所有的市网电压加在启辉器两端，使启辉器辉光放电，其内部的双金属片受热弯曲使两电极接触，于是电路接通，电流流过镇流器、灯管两端的灯丝、启辉器，此时灯丝预热而发射电子。

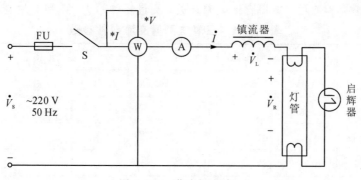

图 4.2.6　荧光灯电路

启辉器辉光放电后截止，双金属片变冷，恢复原状，电路突然断开，此时镇流器产生较高的感应电动势，它与电源电压一起加在灯管两端。灯管在高压作用下放电，产生大量的紫外线，其内壁上的荧光粉吸收紫外线后辐射出可见光，荧光灯发亮。

荧光灯正常工作后，灯管压降只有电源的一部分，使启辉器失去了再次动作的可能。在荧光灯的整个工作过程中，启辉器相当于一个自动开关，接通电路时加热灯丝，断开电路时镇流器产生高压，使灯管放电发光。镇流器不仅能产生高压，在荧光灯正常工作时，还起到了限制电流变化的作用，其名称也由此而得。在荧光灯电路中，灯管、镇流器均为非线性器件，为了简化对电路的分析和计算，在忽略高次谐波的影响下，将荧光灯电路近似看作线性正弦交流电路处理，即在荧光灯电路正常工作时，可将灯管近似看为线性电阻 $R$，镇流器近似用线性电感 $L$ 和线性电阻 $r$ 的串联电路等效，其计算结果与实际近似。镇流器工作时其等效内阻会产生两部分的损耗：铜耗 $P_{Cu}$ 和铁芯损耗 $P_{Fe}$，即 $P_L = I^2 r = P_{Cu} + P_{Fe}$，而灯管的功耗为 $P_R = I^2 R$，则荧光灯总消耗功率为 $P = P_R + P_L = S\cos\varphi$。电源提供的视在功率为 $S = VI$。镇流器参与能量交换的无功功率为 $Q = S\sin\varphi$。荧光灯电路的功率因数为 $\lambda = P/S = \cos\varphi$，它反映了荧光灯电路进行能量转换的效率。

为了提高荧光灯电路(感性负载)的功率因素，可在负载两端并联电容，如图 4.2.7 所示，此时增加了一条电容支路。为了方便测量三条支路的电流，可采用电流插孔板，如图中的"✕"所示。

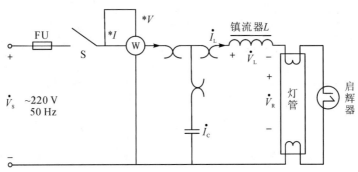

图 4.2.7　荧光灯电路并联电容

### 5. 实验内容及步骤

1) 三表法测量交流器件参数(基础实验)

按图 4.2.1 接线，依次将铁芯线圈(电感)、电容器(3 μF、5 μF、7 μF)接入正弦交流电路中，经指导教师检查后，方可合上电源开关，测量元件的 $P$、$V$ 和 $I$ 并填入表 4.2.1 中。

**表 4.2.1　三表法测量交流器件参数**

| 测量元件 | 测 量 数 据 | | | 计 算 值 | | |
|---|---|---|---|---|---|---|
| | $V/V$ | $I/A$ | $P/W$ | $R/\Omega$ | $L/H$ | $C/\mu F$ |
| 铁心线圈 | | | | | | — |
| 电容器 1 | | | | | — | |
| 电容器 2 | | | | | — | |
| 电容器 3 | | | | | — | |

2）荧光灯电路功率因数测量（基础实验）

按图 4.2.6 接线，经指导教师检查后，方可合上电源开关，测量此时的 $P$、$I$、$V$、$V_R$、$V_L$ 等数据，填入表 4.2.2 中。注意测量完毕后，必须将电路断电。

**表 4.2.2　荧光灯电路参数测量**

| 测 量 数 据 | | | | | 计算 |
|---|---|---|---|---|---|
| $P/W$ | $V/V$ | $I/A$ | $V_R/V$ | $V_L/V$ | $\lambda = \cos\varphi$ |
|  |  |  |  |  |  |

3）荧光灯电路功率因素提高（设计性实验）

如图 4.2.7 所示电路，通过计算选择合适电容器使得荧光灯电路的功率因数提高到 0.9 左右。实验时要求正确选择仪器仪表，并进行合理的操作和测量，拟定实验数据记录表格，再将此时的 $P$、$V$、$V_R$、$V_L$、$I_C$、$I_L$ 等数据重新测量并填入表 4.2.3 中，最后计算出 $\lambda$ 的值。

**表 4.2.3　并联电容电路参数测量**

| 并联电容 | 测 量 数 据 | | | | | | | 计算 |
|---|---|---|---|---|---|---|---|---|
|  | $P/W$ | $V/V$ | $I/A$ | $I_C/A$ | $I_L/A$ | $V_L/V$ | $V_R/V$ | $\lambda = \cos\varphi$ |
|  |  |  |  |  |  |  |  |  |
|  |  |  |  |  |  |  |  |  |
|  |  |  |  |  |  |  |  |  |

**6. 实验注意事项**

（1）本实验采用市网交流 220 V、50 Hz 电源，实验中要特别注意用电安全。

（2）每次接线完毕，应检查确认无误后方可接通电源，必须严格遵守先接线、后通电，先断电、后拆线的实验操作原则。

（3）为了防止烧坏功率表，每次测量完毕后或发现有误时，都应先将电源断开。

（4）交流电流表的内阻很小，千万不可将交流电流表错当成交流电压表使用或并在负载两端，以免损坏。

**7. 预习思考题**

（1）在交流电路中，基尔霍夫定律（KCL、KVL）的含义是什么？在形式上与直流电路有何差异？

（2）如果在 50 Hz 的交流电路中测得一只铁芯线圈的 $P$、$I$ 和 $V$，如何求其等效内阻值及其电感量？若该器件为电容器件，其漏电阻及电容量又如何求得？

（3）了解提高荧光灯电路功率因数的方法，理解 $RLC$ 并联电路的谐振特性，找出电路功率因数改善前后 $\cos\varphi$ 值与电路参数间的关系。

### 8. 实验总结题

（1）整理实验数据表格，并进行相应计算。根据计算结果，总结三表法测量交流器件参数的原理及方法。

（2）与器件的标称值进行比较，进行必要的测量校正及误差分析。

（3）根据实验测量数据，画出荧光灯电路的 KVL 相量图，验证 KVL 相量形式的正确性。

（4）根据测得的数据和观察到的现象，围绕实验要求给出实验结论。讨论感性电路提高功率因数的意义和方法。

# 4.3 三相交流电路的研究

### 1. 实验导言

本实验和前面的正弦稳态交流电路一样均属于强电实验，所用电源电压为非安全电压，因此同样需要注意实验中的安全因素。

### 2. 实验目的

(1) 掌握三相负载的星形(Y)连接、三角形(△)连接的方法。

(2) 理解负载连接成星形和三角形时线电压、相电压、线电流、相电流概念及其关系。

(3) 理解三相四线制中中线的作用。

### 3. 实验仪器

本实验用到的实验仪器主要有：电工电路实验台、交流电压表、交流电流表、数字万用表和电流插孔板等。

### 4. 实验原理及说明

对称三相交流电是由振幅相同、频率相同、相位间彼此相差 $120°$ 的三个独立正弦电压源构成的，有 Y 形连接和△形连接两种形式。三相电源主要应用于动力电方面，我国电网一般采用星形连接三相四线制供电方式。三相电源有三根相线 A($L_1$)、B($L_2$)、C($L_3$)和一个中性点(或称为零点、中点)N，相线与相线间的电压称为线电压 $V_L$，相线与零线间的电压为相电压 $V_P$，相线上流过的电流称为线电流 $I_L$，负载上流过的电流为相电流 $I_P$。

三相电路中，作为用电设备的三相负载也有星形和三角形两种连接方式。而每种连接方式又有对称和不对称两种情况。对称三相负载连接成 Y 形，三相电源的三根相线与三相负载的三个端头相连，电源的中点 N 和负载中点 N′相连，连线 NN′称为中性线(简称中线)，如图 4.3.1 所示。此时中点电压 $V_{NN'} = 0$ V，中点电流 $I_N = 0$，因此可以不接中线。有中线的三线制称为三相四线制，无中线时即为三相三线制。满足以下的关系：$V_L = \sqrt{3} V_L$，$I_L = I_P$。

对称三相负载连接成△形，三相负载依次首尾相连接成环形，三个接点分别与电源的三个相线相连,见图 4.3.2 所示,满足 $V_L = V_P$,$I_L = \sqrt{3} I_P$ 关系。不对称负载连接成星形,必须采用三相四线制接法(即中线必须连接)。此时由于中线的作用,线电压、相电压间仍然满足 $V_L = \sqrt{3} V_P$ 关系。若无中线(即三相三线制),因三相负载的阻抗不同,电路负载的零点电位发生偏移,负载阻抗较大的那一相相电压过高,面临损坏危险;而负载阻抗较小的那一相相电压过低,不能正常工作。因此在照明电路中要求无条件地采用三相四线制接法,而且为了防止中线断开,不允许在中线上装接熔断器和开关。不对称三相负载连接成三角形时,尽管 $I_L \neq \sqrt{3} I_P$,但因为 $V_L = V_P$,不对称三相负载相电压仍然对称,对电器设备没有影响。

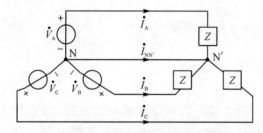

图 4.3.1　对称三相负载 Y‐Y 连接

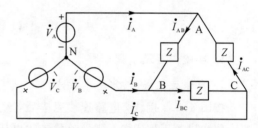

图 4.3.2　对称三相负载 Y‐△连接

本实验是以 220 V、40 W 的白炽灯作为负载。由于实验室三相电源引自三相市电 380 V,在进行不对称三相负载星形连接又无中线的实验和三角形连接实验中,为了不使相电压过高(超过灯泡的额定值)而烧毁负载,实验中每相负载均采用两盏灯串联。本实验中提供了 4 组白炽灯负载,在进行不对称负载连接实验时,可通过改变三相负载中的任一相负载大小来实现。在三相交流电路中,负载消耗的总功率为每相负载消耗的有功功率之和。

(1) 三相四线制电路(一功率表法)。

对于三相四线制电路,不管负载是否对称,均可用三只功率表分别测量三相负载各自消耗的有功功率,将其相加即可得到三相电路的总有功功率,或用一只功率分别测量每相负载的有功功率,并将其相加。功率表的接法如图 4.3.3 所示。

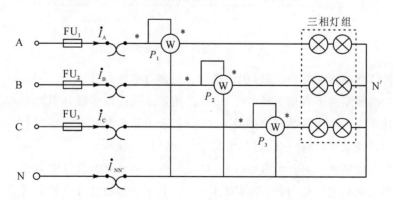

图 4.3.3　三相四线制有功功率的测量电路

(2) 三相三线制电路(二功率表法)。

对于三相三线制电路,无论是接成星形还是接成三角形,也不管三相负载是否对称,均可用两只功率表接成如图 4.3.4 所示电路,进行有功功率的测量。两只功率表测得的功率分别记为 $P_1$、$P_2$。由测得的有功功率 $P_1$、$P_2$ 相加即可求得该电路的总有功功率 $P$。

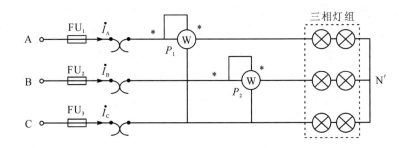

图 4.3.4　三相三线制有功功率的测量电路

**5. 实验内容及步骤**

1) 负载连接成星形(基本要求)

按图 4.3.5 接线,电路连接完毕后,经检查接线正确后方可接通电源总开关,按实验要求依次进行下列实验,测量负载各线电压、相电压、线电流及中线电流、电源 N 与负载 $N'$ 点间的中点电压,并将数据填入表 4.3.1 中。注意观察电路的工作情况有何变化,中线所起的作用。

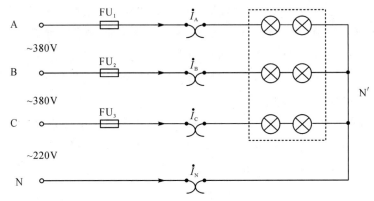

图 4.3.5　负载连接成星形时的接线图

(1) 三相四线制接对称负载(每相负载均为两盏灯串联)。

(2) 三相四线制接不对称负载(A、B、C 三相负载的开灯盏数分别为 2、2、4)。

(3) 三相四线制一相负载开路的故障实验(其余两相负载开灯盏数与上一步相同)。

(4) 三相三线制接对称负载(每相负载均为两盏灯串联);

(5) 三相三线制接不对称负载(A、B、C 三相负载的开灯盏数分别为 2、2、4);

(6) 三相三线制的一相负载开路的故障实验(其余两相负载开灯盏数与上一步相同);

(7) 三相三线制的一相负载短路的故障实验(将一相负载的两个接头用导线相连,其余负载的开灯盏数仍保持不变)。

表 4.3.1　三相负载星形连接测量参数

| 负载情况 | 开灯盏数 | | | 线电流/A | | | 线电压/V | | | 相电压/V | | | 中线电流 | 中点电压 |
| | A相 | B相 | C相 | $I_A$ | $I_B$ | $I_C$ | $V_{AB}$ | $V_{BC}$ | $V_{CA}$ | $V_{AN'}$ | $V_{BN'}$ | $V_{CN'}$ | $I_N$/A | $V_{NN'}$/V |
|---|---|---|---|---|---|---|---|---|---|---|---|---|---|---|
| 有中线、接对称负载 | 2 | 2 | 2 | | | | | | | | | | | |
| 有中线、接不对称负载 | 2 | 2 | 4 | | | | | | | | | | | |
| 有中线、B相断开 | 2 | 断开 | 4 | | | | | | | | | | | |
| 无中线、接对称负载 | 2 | 2 | 2 | | | | | | | | | | | |
| 无中线、接不对称负载 | 2 | 2 | 4 | | | | | | | | | | | |
| 无中线、B相断开 | 2 | 断开 | 4 | | | | | | | | | | | |
| 无中线、B相短路 | 2 | 短路 | 4 | | | | | | | | | | | |

2）负载连接成三角形（基本要求）

按图 4.3.6 接线，经检查接线正确无误后接通电源，根据实验要求进行测量，将数据填入表 4.3.2 中。

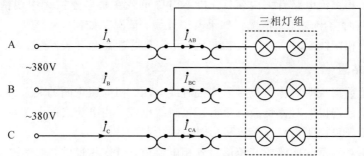

图 4.3.6　负载连接成三角形时的接线图

（1）三相三线制接对称负载（每相负载均为两盏灯串联）。

（2）三相三线制接不对称负载（A、B、C 三相负载的开灯盏数分别为 2、2、4）。

表 4.3.2　三相负载三角形连接测量参数

| 负载情况 | 开灯盏数 | | | 线电压＝相电压/V | | | 线电流/A | | | 相电流/A | | |
| | A-B相 | B-C相 | C-A相 | $V_{AB}$ | $V_{BC}$ | $V_{CA}$ | $I_A$ | $I_B$ | $I_C$ | $I_{AB}$ | $I_{BC}$ | $I_{CA}$ |
|---|---|---|---|---|---|---|---|---|---|---|---|---|
| 对称 | 2 | 2 | 2 | | | | | | | | | |
| 不对称 | 2 | 2 | 4 | | | | | | | | | |

3）负载有功功率的测量（提高要求）

根据表 4.3.3 中的测量要求，自行设计负载连接状态，并进行电路接线，完成对三相四线制及三相三线制有功功率的测量。

**表 4.3.3　三相交流电路有功功率测量参数**

| 测试项目 | 三相四线制 | | | | 三相三线制 | | |
|---|---|---|---|---|---|---|---|
| | 有功功率 $P_A$/W | 有功功率 $P_B$/W | 有功功率 $P_C$/W | 总有功功率/W | 有功功率 $P_1$/W | 有功功率 $P_2$/W | 总有功功率/W |
| Y 接对称负载 | | | | | | | |
| Y 接不对称负载 | | | | | | | |
| △接对称负载 | | | | | | | |
| △接不对称负载 | | | | | | | |

### 6. 实验注意事项

（1）本实验采用三相电源，实验时要注意人身安全，不可触及导电部件，防止意外发生。

（2）每次接线完毕，应检查后方可接通电源，必须严格遵守先接线、后通电，先断电、后拆线的实验操作原则。

（3）当有多条支路的电流需要测量时，可使用电流插孔板。测量电流时，只需将电流表表棒插入电流插孔板中，并将电流插孔板中的短接桥拔掉，保证电流表串接在被测支路中即可。

（4）电流表的表棒插入或拔出电流插孔板中时，应注意两表棒同时插入或同时拔出。

### 7. 预习思考题

（1）三相负载根据什么情况采用星形或三角形连接？

（2）复习三相交流电路有关内容，分析不对称负载在星形连接无中线情况下，当某相负载开路和短路时会出现什么情况？如果有中性线，情况又如何？

（3）采用三相四线制时，为什么中线上不允许装熔断器和开关？

### 8. 实验总结题

（1）用实验数据说明对称负载星形连接时线电压、相电压之间的关系。

（2）用实验数据说明对称负载三角形连接时线电流、相电流之间的关系。

（3）用实验现象说明负载连接成星形时中线所起的作用。

（4）根据不对称负载连接成三角形时各相电流值，试作相量图，求得线电流。

# 4.4　RC 选频网络的研究

### 1. 实验导言

选频网络在通信领域具有重要应用，$RC$ 串并联网络是选频网络中最为简单的一种，本实验介绍两种简单的选频网络。

### 2. 实验目的

（1）掌握电路网络函数的基本概念。

（2）掌握测试给定网络频率特性的方法。

（3）理解 $RC$ 串并联网络及双 T 网络的频率特性。

**3. 实验仪器**

本实验用到的实验仪器主要有：电工电路实验台、函数信号发生器、示波器、交流毫伏表、数字万用表和九孔方板及元件等。

**4. 实验原理及说明**

$RC$ 串并联网络常被用于低频振荡电路中作为选频环节。电路结构如图 4.4.1 所示。

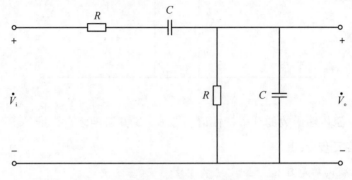

图 4.4.1　$RC$ 串并联电路

该网络的电压传输函数（或称传输电压比）为

$$H_v = \frac{\dot{V}_o}{\dot{V}_i} = \frac{R /\!/ \dfrac{1}{j\omega C}}{R + \dfrac{1}{j\omega C} + R /\!/ \dfrac{1}{j\omega C}} = \frac{1}{3 + j\left(\omega RC - \dfrac{1}{\omega RC}\right)}$$

上式表明在保持输入电压 $V_i$ 幅值不变的情况下，输出电压幅值 $V_o$、$V_o$ 与 $V_i$ 的相位差 $\varphi$（即该 $RC$ 串并联网络对 $V_i$ 相位产生的偏移量）均会随着输入信号频率改变而改变。当 $\omega = \omega_0 = 1/(RC)$ 时，该网络的传输电压比 $H_v$ 达到最大值，即 $1/3$，且 $V_o$ 与 $V_i$ 同相。当传输电压比模值 $H_v|$ 随着输入信号频率改变而降低到最大值的 0.707 时，对应的信号频率分别称为下限截止频率 $f_L$ 和上限截止频率 $f_H$，两者之差称为该网络的通频带 $BW = f_H - f_L$，它表征了该网络对输入信号的选择能力。

对 $RC$ 串并联网络电压传输函数频率特性的测试可采用点测法。由此得到的 $RC$ 串并联网络的幅频特性曲线、相频特性曲线分别如图 4.4.2、图 4.4.3 所示。该网络具有带通、超前和滞后移相特性。

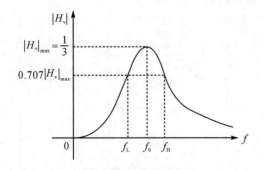

图 4.4.2　$RC$ 串并联网络幅频特性曲线

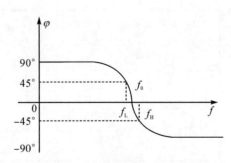

图 4.4.3　$RC$ 串并联网络相频特性曲线

双 T 网络与 $RC$ 串并联网络一样，常常作为滤波电路被用于低频电路中，其电路结构如图 4.4.4 所示。其幅频特性显示该网络具有带阻特性。

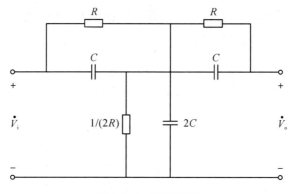

图 4.4.4  双 T 网络

双 T 网络电压传输函数的频率特性请参考 $RC$ 串并联网络自行推导。

**5. 实验内容及步骤**

1) $RC$ 串并联网络电压传输函数频率特性测试(基本要求)

(1) 按图 4.4.1 所示电路连线,选取 $R = 1\ \text{k}\Omega$,$C = 10\ \text{nF}$。

(2) 用交流毫伏表监测函数信号发生器的输出幅值,调节函数信号发生器幅度旋钮,使其输出正弦波幅值为 2 V。

(3) 将函数信号发生器输出频率调节到理论值 $f_0$ 附近,来回调节频率微调旋钮,保持 $RC$ 串并联网络 2 V 输入电压不变,用交流毫伏表观测 $RC$ 串并联网络的输出电压幅值 $V_o$,当其达到最大值时,将此时函数信号发生器输出频率 $f_0$ 及 $RC$ 串并联网络输出电压 $V_o$ 填入表 4.4.1 中。同时用示波器观测并记录信号周期 $T$、$RC$ 串并联网络的相移 $\varphi$ 值(即输出电压 $V_o$ 与输入电压 $V_i$ 的相位差 $\varphi$)。

(4) 用交流毫伏表监测 $V_i = 2$ V 不变,增大和减小函数信号发生器输出频率,同时观测 $RC$ 串并联网络的输出 $V_o$,当其幅值降为 0.2 V 时,记录此时信号频率 $f_{\min}$ 和 $f_{\max}$ 及相位差 $\varphi_{\min}$、$\varphi_{\max}$。

(5) 在 $f_{\min} \sim f_0$,$f_0 \sim f_{\max}$ 间各挑选 4 个合适的频率点,测量 $RC$ 串并联网络在此 4 频率点处的输出 $V_o$、相位差 $\varphi$,记入表 4.4.1 中。

**表 4.4.1  $RC$ 串并联网络幅频特性测试数据**

| $f/\text{kHz}(V_i = 2\ \text{V})$ | | $f_{\min}$ | | | $f_0$ | | $f_{\max}$ |
|---|---|---|---|---|---|---|---|
| $T/\text{ms}$ | | | | | | | |
| $R = 1\ \text{k}\Omega$,<br>$C = 10\ \text{nF}$ | $V_o/\text{V}$ | 0.2 | | | | | 0.2 |
| | 相位差格数 $n$ | | | | | | |
| | $\varphi/(°)$ | | | | | | |

2) 双 T 网络电压传输函数频率特性测试(研究性实验)

(1) 仿照 $RC$ 串并联网络电压传输函数频率特性的测试方法,自行设计数据表格,完成双 T 网络电压传输函数频率特性的测试。

（2）查阅相关资料，自行设计实验方法和数据记录表格，研究双 T 网络在不同频率正弦信号激励下输出阻抗的性质（感性、阻性或容性）。

**6. 实验注意事项**

（1）考虑函数信号发生器内阻的影响，在每次调节其输出频率时，均应同时监测并调节其输出幅值，使其输出电压保持不变。

（2）选择频率点时，要根据特性曲线的变化趋势合理增加（或减少）频率点。

**7. 预习思考题**

推导双 T 网络的 π 型等效电路和电压传输函数幅频、相频的数学表达式。

**8. 实验总结题**

（1）根据实验数据，绘制 *RC* 串并联网络及双 T 网络的幅频特性曲线和相频特性曲线，从曲线中求得该网络的通频带 BW，并与理论值进行比较。

（2）根据幅频特性曲线和相频特性曲线，总结 *RC* 串并联网络及双 T 网络的选频和移相特性。

（3）从电路设计、实验测试结果等方面给出本次实验的设计结论。

# 4.5　互感电路的观测

**1. 实验导言**

近年兴起的"无线充电"，其本质就是通过互感的耦合作用实现无线充电。这说明一个新事物的出现不能只看表面现象，更要关注其物理或者电学本质。

**2. 实验目的**

（1）学会观测交流电路中的互感现象。
（2）学会互感线圈同名端的判定，互感系数、耦合系数的测定。

**3. 实验仪器**

本实验用到的实验仪器主要有：电工电路实验台、交直流毫安表、交流毫伏表、数字万用表、绕线电感和九孔方板及元件等。

**4. 实验原理及说明**

耦合电感是耦合线圈的电路模型，它具有记忆功能。一般情况下，耦合线圈由多个线圈组成。每个线圈的伏安关系不仅与其自身的电流有关，且与其他线圈中的电流有关。如图 4.5.1 所示的线性耦合电感，当线圈电压降的参考方向与磁通的参考方向符合右手螺旋法则时，由电磁感应定律可知其伏安关系式如下所示：

$$v_1 = L_1 \frac{di_1}{dt} + M \frac{di_2}{dt}$$

$$v_2 = L_2 \frac{di_2}{dt} + M \frac{di_1}{dt}$$

其中，$v_1$、$i_1$ 分别为耦合电感 $L_1$ 的电压及电流，$v_2$、$i_2$ 分别为耦合电感 $L_2$ 的电压及电流。

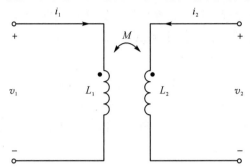

图 4.5.1　耦合线圈各电压、电流和磁通的参考方向

上式表示成相量形式为

$$\dot{V}_1 = j\omega L_1 \dot{I}_1 + j\omega M \dot{I}_2, \quad \dot{V}_2 = j\omega L_2 \dot{I}_2 + j\omega M \dot{I}_1$$

由此可见，理想耦合线圈即耦合电感应该用三个参数 $L_1$、$L_2$ 和 $M$ 来表征（$M$ 称为互感系数）。为了表征耦合电感中线圈之间的关系，也为了简化线圈内部结构。可用"同名端"来直观地表征其耦合关系。一般约定在产生互感电压的电流参考方向流入端标"·"号，在互感电压参考方向的"＋"号端也标"·"号，这两端就为同名端。当线圈中电流 $i$ 和互感电压 $v_M$ 的参考方向对同名端一致时，互感电压为正值，否则为负值。直流法判断同名端的电路如图 4.5.2 所示，$V_S$ 为直流电压源，$R$ 为限流电阻。当开关 S 闭合瞬间，流过线圈 $L_1$ 的电流突然增大，由于互感作用，在线圈 $L_2$ 中会有瞬间的电流流过，若接在线圈 $L_2$ 的毫安表正偏，则可断定"1""3"端为同名端；若指针反偏，则"1""4"为同名端。

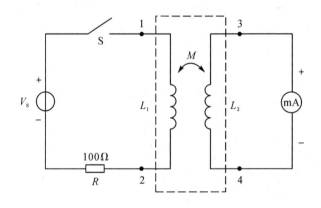

图 4.5.2　直流法判定同名端

交流法判断同名端的电路如图 4.5.3 所示，将两个线圈 $L_1$ 和 $L_2$ 的任意两端（如 2、4端）连在一起，在其中的一个线圈（如 $L_1$）两端加一个低压交流电压，另一线圈（$L_2$）开路，用交流电压表分别测出端电压 $V_1$、$V_2$、$V_3$。若 $V_3$ 是两个绕组端电压之差，则 1、3 是同名端；若 $V_3$ 是两绕组端电压之和，则 1、4 是同名端。

自感系数 $L$ 和互感系数 $M$ 的测定如图 4.5.3 所示，在 $L_1$ 侧施加低压交流电 $V_1$，$L_2$ 侧开路（即 $I_2 = 0$），测出 $I_1$、$V_2$，可求得自感系数 $L_1 = V_1/(\omega I_1)$，互感系数 $M = V_2/(\omega I_1)$。同

理，在 $L_2$ 侧施加低压交流电 $V_2$，而 $L_1$ 侧开路（即 $I_1=0$），测出 $I_2$、$V_1$，可求得自感系数 $L_2=V_2/(\omega I_2)$。

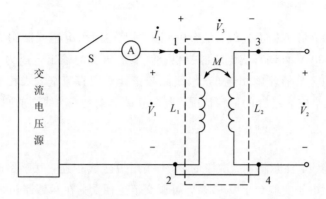

图 4.5.3  交流法判定同名端

也可将具有互感 $M$ 的两只线圈串联，它的等效电感 $L_{eq1}=L_1+L_2+2M$（正向串联），或 $L_{eq2}=L_1+L_2-2M$（反向串联）。通过测量并计算 $L_{eq1}$ 和 $L_{eq2}$，求得互感系数 $M=\left|\dfrac{(L_{eq1}-L_{eq2})}{4}\right|$。

耦合系数 $K$ 是指实际 $M$ 与 $M_{max}$ 之比，即 $K=\dfrac{M}{\sqrt{L_1L_2}}$，它用来衡量两个线圈耦合的程度。测量耦合系数的方法一是分别测量两线圈的自感系数 $L$ 和互感系数 $M$，由上式即可求得 $K$；方法二如图 4.5.4 所示，在 $L_1$ 侧施加低压交流电 $V_1$，$L_2$ 侧开路，$V_{2k}$ 为其开路电压；同样在 $L_2$ 侧施加低压交流电 $V_2$，$L_1$ 侧开路，$V_{1k}$ 为其开路电压，则耦合系数 $K$ 为

$$K=\sqrt{K_1K_2}=\sqrt{\frac{V_{2k}}{V_1}\frac{V_{1k}}{V_2}}$$

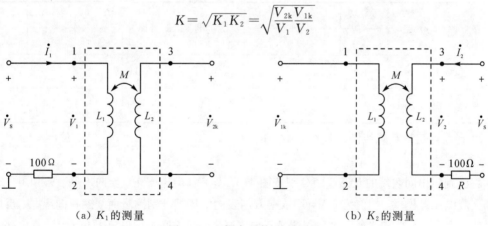

（a）$K_1$ 的测量                （b）$K_2$ 的测量

图 4.5.4  耦合系数 $K$ 的测量

**5. 实验内容及步骤**

1）互感现象的观察（基本要求）

按图 4.5.2 在九孔方板上连线，$L_1$ 采用 1000 圈绕线电感，$L_2$ 采用 1500 圈绕线电感。$V_S$ 由 0～24 V 可调交流电压源提供，幅值为 5 V。关闭开关 S，观察并记录此时交流电流表上显示的数值；插入硅钢芯并调节硅钢芯的插入深度，观察并记录此时电流表的变化。

$I=$ _____ A，插入硅钢芯后，电流_____（填变大、变小、不变）。

2）用直流法和交流法判断互感线圈的同名端（基本要求）

（1）直流法。

按图 4.5.2 在九孔方板上连线，耦合电感采用上述两个电感线圈构成互感器，$V_S$ 采用电工实验台中 0～30 V 可调直流电压源提供。调节电压源的输出电压为 2 V。将互感器初级线圈与已调好的 2 V 直流电相连，次级线圈与指针式交直流毫安表相接。合上开关 S 的瞬间，观察交直流毫安表指针的偏转情况，判断互感器的初、次线圈的同名端。

结论：1、3 为_____端，1、4 为_____端。

（2）交流法。

按图 4.5.3 接线，注意将初、次级的 2、4 端用短接线相连，互感器次级线圈开路，交流电压源采用电工电子实验台上 0～24 V 可调交流电压源。在互感器初级加入 2 V 交流电压，然后用数字万用表交流电压挡测量 $V_1$、$V_2$、$V_3$，并判断同名端。拆去 2、4 连线，再将 2、3 相连，重复上述步骤，判断同名端。

结论：1、3 为_____端，1、4 为_____端。

3）互感系数 $M$ 的测定

（1）方法一。

按图 4.5.4 连线。0～24 V 可调交流电压源提供 2 V 交流电压给线圈 $L_1$，分别用数字万用表和交直流毫安表测量线圈 $L_1$、$L_2$ 两端的电压 $V_1$、$V_2$ 和电流 $I_1$，并将数据记入表 4.5.1 中。将交流电压源和限流电阻加在 $L_2$ 端，$L_1$ 开路，同样测量两个线圈的端电压和 $L_2$ 上的电流 $I_2$，将数据记入表 4.5.1 中。

表 4.5.1　互感系数 $M$ 的测量数据 1

| $L_1$接电源，$L_2$开路 | $V_1/V$ | $V_{2k}/V$ | $I_1/A$ | $L_2$接电源，$L_1$开路 | $V_{1k}/V$ | $V_2/V$ | $I_2/A$ |
|---|---|---|---|---|---|---|---|
| $L_1(=V_1/(\omega I_1))/\text{mH}$ | | | | $L_2(=V_2/(\omega I_2))/\text{mH}$ | | | |
| $M_{21}(=V_2/(\omega I_1))/\text{mH}$ | | | | $M_{12}(=V_1/(\omega I_2))/\text{mH}$ | | | |

由上表可获得互感线圈的耦合系数：$K_1=$ _____，$K_2=$ _____，$K=$ _____。

（2）方法二。

将已判定出同名端的互感线圈分别按图 4.5.5(a)、(b)进行正、反向串联。$V_S$ 由 0～24 V 可调交流电压源提供，幅值为 2 V，用数字万用表的电压挡分别测量两线圈正向串联、反向串联时的总电压，用交直流毫安表分别测量正向串联、反向串联时的电流 $I'$ 和 $I''$。计算出两互感线圈的正向串联等效电感 $L_{eq1}$ 和反向串联等效电感 $L_{eq2}$，从而求得 $M$。数据填入表 4.5.2 中。

表 4.5.2　互感系数 $M$ 的测量数据 2

| $V/V$ | $I'/A$ | $I''/A$ | $L_{eq1}/\text{mH}$ | $L_{eq2}/\text{mH}$ | $M$ |
|---|---|---|---|---|---|
| | | | | | |

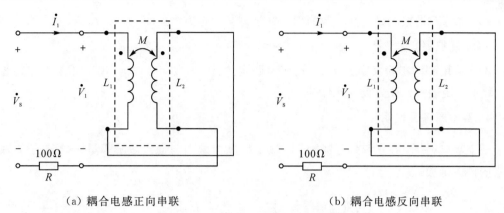

（a）耦合电感正向串联　　　　　　（b）耦合电感反向串联

图 4.5.5　耦合电感串联电路

**6. 实验注意事项**

（1）在测量过程中为确保线圈安全，需用电流表监测互感线圈上的电流，流过线圈的电流不得超过线圈的额定电流。

（2）在用交流法判断互感线圈同名端及测定互感系数 $M$ 实验中，交流电压源提供的 2 V 交流电压需先调整正确后再接入电路中。

**7. 预习思考题**

（1）实验中若没有合适量程的电流表，如何获得各电流值？

（2）在用直流法判定同名端的实验中，若开关 S 是闭合的，在断开的一瞬间如何根据仪表指针的偏转判别同名端？

（3）互感器中有无铁芯，对互感系数 $M$ 的值有何影响？

**8. 实验总结题**

（1）总结对互感线圈同名端判断和互感系数的测定方法。

（2）实验中 $M_{12}$ 是否等于 $M_{21}$？若相等说明什么？若不等又说明什么？

（3）当两线圈位置发生变化时，同名端是否会发生改变？

# 4.6　*RLC* 串联谐振电路设计

**1. 实验导言**

当一个事物仅从一个方面观察时，往往不能探究其全貌，因此也不能很好地理解该事物。频率响应是从另一个角度研究电路的，跳出了以往分析交流电路时只针对特定频率的概念，可以观察到不同频率对电路的影响，从而进一步通过电路实现对频率的选择。

**2. 实验目的**

（1）了解网络频率特性的测量方法，学会用实验的方法测试 *RLC* 串联谐振电路的幅频特性曲线。

（2）观测电路的频率响应特性，加深对谐振条件和特性的认识。

（3）加深对谐振电路特性参数的理解并掌握其测定方法。

**3. 实验仪器**

本实验用到的实验仪器主要有：电工电路实验台、函数信号发生器、示波器、交流毫伏表、数字万用表和九孔方板及元件等。

**4. 实验原理及说明**

一个双口网络，在正弦信号激励下，输出响应相量 $\dot{V}_2$ 与输入激励相量 $\dot{V}_1$ 之比定义为该网络的传递函数：

$$H(\mathrm{j}\omega)=\frac{\dot{V}_2}{\dot{V}_1}=\frac{V_2}{V_1}\mathrm{e}^{\mathrm{j}(\varphi_2-\varphi_1)}=H(\omega)\mathrm{e}^{\mathrm{j}\varphi(\omega)}$$

其中：$H(\omega)$ 为该网络的"幅频特性"，$\varphi(\omega)$ 为"相频特性"。网络频率特性的测量方法有点测法和扫频法两种，本实验采用点测法。这种方法的过程是，函数信号发生器输出电压和频率均为可调节的正弦信号，数字电压表或交流毫伏表用来测量输入、输出电压幅值。相位差计或示波器用来测量或观测正弦信号通过被测网络时发生的相移，作为相位差测量指示。在被测网络的整个测量频段内，选取若干个频率点，在保持函数信号发生器输出信号幅度不变的情况下逐点测出各相应频率的电压和相移，即可得被测网络的幅频特性曲线和相频特性曲线。$RLC$ 串联谐振电路如图 4.6.1 所示，图中 $v_\mathrm{S}$ 为函数信号发生器输出的正弦信号，输出为电阻上的电压 $v_\mathrm{R}$。

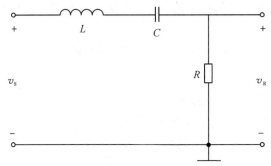

图 4.6.1 $RLC$ 串联谐振电路

当电路处于谐振时，电路有以下特点：

（1）电压转移函数 $H_\mathrm{v}=1$，达到最大，电路输出电压 $v_\mathrm{R}$ 等于输入电压 $v_\mathrm{S}$ 且相位相同。当 $H_\mathrm{v}$ 下降为其最大值的 0.707 时所对应的两个频率分别被称为上半功率点 $f_\mathrm{H}$ 和下半功率点 $f_\mathrm{L}$，这两频率的差值定义为通频带，即

$$B_\mathrm{f}=f_\mathrm{H}-f_\mathrm{L}=\frac{R}{2\pi L}$$

这里 $B_\mathrm{f}=BW/(2\pi)$。

（2）电路阻抗的模最小，且为纯电阻，即 $Z=R$。

（3）在一定输入电压作用下，电路中的电流 $I_0=\dfrac{V_\mathrm{S}}{R}$ 最大，且电流与输入电压同相。假设保持输入正弦电压幅值 $V_\mathrm{S}$ 不变，则回路电流 $I$ 与频率 $f$ 的关系为

$$I = \frac{V_S}{|Z|} = \frac{V_S}{\sqrt{R^2 + \left(\omega L - \frac{1}{\omega C}\right)^2}} = \frac{I_0}{\sqrt{1 + Q^2 \left(\frac{f}{f_0} - \frac{f_0}{f}\right)^2}}$$

其中：$Q = \frac{\omega_0 L}{R} = \frac{1}{R\omega_0 C} = \frac{1}{R}\sqrt{\frac{L}{C}}$，称为谐振电路的品质因数。其与通频带存在如下关系：

$$B_f = \frac{f_0}{Q}$$

（4）电感和电容上的电压为 $V_{L0} = V_{C0} = \frac{V_S}{R}\omega_0 L = \frac{V_S}{R}\frac{1}{\omega_0 C} = QV$。

串联谐振电路的谐振频率测量可用下述方法：在保持输入电压 $V_S$ 不变的情况下，改变信号频率，当 $V_R$ 达到最大值时的频率即为谐振频率 $f_0$。因在实际电路中，电感存在一定内阻，所以会带来一定误差。当采用此法测量 $f_0$ 时，因电路谐振时有 $V_{L0} = V_{C0}$，因此可根据两者是否相等来判断电路是否谐振。回路品质因数 $Q$ 值的测量在测定 $f_0$ 后进行。测量方法也有两种：一是电路谐振时，根据 $V_{L0}$ 或 $V_{C0}$ 值及输入电压 $V_S$ 算出 $Q$ 值；二是通过测量谐振曲线的通频带 $B_f$ 值，根据公式 $Q = \frac{f_0}{B_f}$ 求得，通频带 $B_f$ 值可通过测量 $f_H$ 和 $f_L$ 获得。

**5. 实验内容及步骤**

1）测量电路谐振频率等特性参数（基本要求）

（1）按图 4.6.1 连接线路，选择合适的元件值，如电阻 $R = 1$ kΩ，电容 $C = 10$ nF 和电感 $L = 10$ mH 进行实验。

（2）函数信号发生器的"正弦波功率输出端"向外送出 $V_S = 1$ V（有效值）的正弦波，将此信号接入电路输入端。

（3）保持输入电压幅值不变，改变信号频率，监测电阻 $R$ 上的输出电压，当 $V_R$ 达到最大值时，信号频率即为 $f_0$，将 $f_0$ 测量值及电阻上电压最大值 $V_{R0}$ 记入表 4.6.1。

（4）为了确保测量的 $f_0$ 准确，在测量 $V_L$ 和 $V_C$ 时，若其相等或相差不大，则记录入表格 4.6.1 中，若不相等，则重复步骤（3）。根据公式求得 $Q$ 值，记入表 4.6.1 中。

（5）根据测得的 $V_{R0}$，计算得出 $0.707V_{R0}$，分别增大和减小信号频率，当 $V_R$ 等于 $0.707V_{R0}$ 时，此时的信号频率高的即为 $f_H$，低的即为 $f_L$，同时计算 $B_f$ 的值填入表 4.6.1 中。

**表 4.6.1　RLC 谐振电路特性参数测量**

| $f_0/\text{kHz}$ | $V_{R0}/\text{V}$ | $V_{L0}/\text{V}$ | $V_{C0}/\text{V}$ | $Q$ | $f_H$ | $f_L$ | $B_f$ |
|---|---|---|---|---|---|---|---|
|  |  |  |  |  |  |  |  |

2）测量电路的幅频特性（基本要求）

（1）保持输入电压为 1 V 不变，改变频率，分别在 $f < f_L$，$f_L \sim f_0$，$f_0 \sim f_H$ 以及 $f > f_H$ 各频率范围选取数个频率点，测出电路相应的输出电压 $V_R$，数据记入表 4.6.2 中。

（2）在方格纸上以频率为横坐标，$H(\omega)$ 为纵坐标，用描点法画出幅频特性曲线。

说明：由于输入取 1 V 不变，因此 $H(\omega)$ 可以用 $V_R$ 表示。

表 4.6.2　**RLC 谐振电路幅频特性参数测量**

| $f_0/\text{kHz}$ | | $f_\text{L}$ | | $f_0$ | | $f_\text{H}$ | |
|---|---|---|---|---|---|---|---|
| $V_\text{R}/\text{V}$ | | | | | | | |

3）研究电阻 $R$ 的改变对谐振特性的影响（基本要求）

将 $RLC$ 串联谐振电路中的电阻 $R$ 值换为原来的两倍或 $1/2$，重复上述操作，重复测量和记录上述两个表中的数据，在方格纸上可画出此时电路的幅频特性曲线并与原来的对照。

4）设计 $RLC$ 谐振电路（提高要求）

设计电路参数，要求谐振频率 $f_0$ 是原来的 $2\sim2.5$ 倍，通频带 $B_\text{f}$ 保持不变。重复上述操作，测量和记录表 4.6.1 和表 4.6.2 中的数据，在方格纸上可画出此时电路的幅频特性曲线并与原来的对照。

**6. 实验注意事项**

（1）同轴电缆线信号端和接地端的夹子不能调换，输入输出信号须共地。

（2）测量过程中应始终保持输入电压 1 V 不变，否则不能用输出电压 $V_\text{R}$ 表示 $H(\omega)$。

（3）用交流毫伏表测量电感和电容的电压时，要用浮地测量，毫伏表的"＋"端接 $C$ 和 $L$ 的公共端，并注意选择合适的量程。

**7. 预习思考题**

（1）在实验之前先进行一些计算，选择合适的元件参数，并估算电路的谐振频率。

（2）理解实验测量谐振点的方案，掌握判断电路发生谐振的方法。

（3）若谐振时输出电压 $V_\text{o}$ 与输入电压 $V_\text{i}$ 不完全相等时，试分析原因；若谐振时，对应的 $V_{\text{L}0}$ 与 $V_{\text{C}0}$ 不相等，请分析原因。

**8. 实验总结题**

（1）根据测量数据，绘出不同 $Q$ 值时的幅频特性曲线。

（2）计算通频带 $B_\text{f}$ 与 $Q$ 值，说明不同元件参数值对电路的通频带和品质因数的影响。

（3）对两种不同的测量 $Q$ 值的方法进行比较，并分析误差及原因。

（4）根据实验测试结果，给出实验设计结论。

## 第 5 章 综合创新性实验

前几章介绍了常用电子仪器仪表的基本使用、实验操作知识及基本测量方法的应用以及不同要求实验的步骤和设计方法等内容。通过本章学习,同学们综合应用电路的能力将得到提高。综合创新性实验中"综合"的涵义主要体现在理论知识的归纳总结、实验测试方法的灵活应用、基本测试技能的掌握等方面。

## 5.1 最大功率传递定理研究

### 1. 实验导言

最大功率传递定理在不同的电路模块(直流电阻电路、正弦稳态电路、含变压器电路)都涉及,体现了知识的综合性。该定理解决了如何将电源的功率最大程度传递给负载的问题。

### 2. 实验目的

(1) 学习自行设计实验测试方案和合理选择仪表。

(2) 了解并掌握测量含源单口网络等效参数的方法。

(3) 研究最大功率传递定理的适用和验证方法。

### 3. 实验要求及说明

含源单口网络电路图如图 5.1.1 所示。由图可知,其输出端接负载 $Z_L$,网络内信号源 $V_S$ 既可以是直流信号也可以是交流信号。

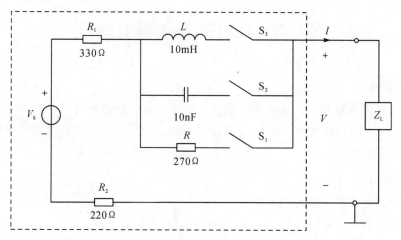

图 5.1.1 含源单口网络电路图

（1）研究该单口网络在 $V_S$ 分别为直流和交流（有效值为 $V_S$）状态下，仅开关 $S_1$ 闭合，负载 $Z_L$ 为纯电阻，通过测量其功率判断并验证 $Z_L$ 获得最大功率时需要满足的条件。

（2）选择合适的交流信号源 $V_S$ 的幅值及频率 $f$，研究该单口网络在交流信号作用下，开关 $S_2$、$S_3$ 分别关闭时，外接负载阻抗从该单口网络获取最大功率（或求出该单口网络可向外接负载传递的最大功率值）时需要满足的条件。

（3）当电路达到最大功率输出时，测量下列两种情况下的电路转换效率：

① 对单口网络而言。

② 对电源 $V_S$ 而言。

**4. 实验注意事项**

需要仔细选择信号源的频率和幅值，以使单口网络输出最大功率时，电路中各点电压及电流不超过各仪表的量限和电感、电容、负载阻抗的最大容许值。

**5. 预习思考题**

（1）掌握戴维南定理、最大功率传递定理的相关知识。

（2）查找相关资料，设计含源单口网络伏安特性及功率传输特性的测试方案、数据记录表格，并进行相应的仿真研究。

（3）选用合适的信号和仪器仪表及量程。

**6. 实验总结题**

（1）得出给定含源单口网络在各种测试要求下的戴维南等效电路。

（2）阐述实验测试方案的设计过程、设计依据以及计算过程。

（3）说明如何利用仪表测量电路中的有功功率。

（4）整理、分析实验数据，并与计算或仿真结果比较，分析实验中产生误差的原因。

（5）分析实验中得到的最大功率 $P_{max}$ 和传输效率 $\eta$ 数据的变化情况，讨论最大功率传递定理的条件及适应范围。

（6）围绕实验要求给出实验设计结论。

# 5.2　负阻抗变换器设计

**1. 实验导言**

自然界中已有的电阻、电容和电感都是正值的元件。但就像数学中存在负数一样，随着科学的发展，人类的认知也会扩展到与其相对应的另一领域。通过电路设计，人们认识到可以实现负值的电路元件，这又为电路知识和应用开拓了新的领域。

**2. 实验目的**

（1）了解负阻抗变换器的基本概念。

（2）了解负阻抗变换器的电路组成、工作原理及实现方法。

（3）通过实验，理解负阻抗变换器（NIC）的特性，掌握负阻抗变换器的各种测试研究方法。

## 3. 实验要求及说明

以运算放大器作为核心器件设计和实现负阻抗，要求自行设计实验测试方案，并选择合适的实验仪器自拟实验测试表格并测试其阻抗特性。利用现有的集成芯片和电路元件就可以验证负阻抗变换器。

(1) 阻值为 $-1\ \mathrm{k}\Omega$ 的负电阻。

(2) 容值为 $-0.01\ \mu\mathrm{F}$ 的负电容。

(3) 阻抗为 $-10\ \mathrm{mH}$ 的负电感。

负阻抗变换器(Negative Impedance Converter，NIC)是一个二端元件，可用图 5.2.1 所示符号表示，其端口伏安关系为

$$\dot{V}_1 = \dot{V}_2, \quad \dot{I}_1 = k\dot{I}_2$$

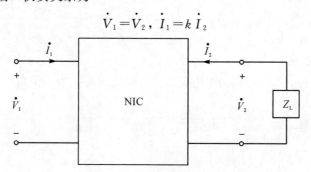

图 5.2.1　负阻抗变换器符号

当输出端接负载 $Z_\mathrm{L}$ 时，由图 5.2.1 中 $Z_\mathrm{L}$ 的电压、电流参考方向可知 $Z_\mathrm{L} = -\dfrac{\dot{V}_2}{\dot{I}_2}$；该负阻抗变换器的输入阻抗 $Z_\mathrm{in}$ 为

$$Z_\mathrm{in} = \frac{\dot{V}_1}{\dot{I}_1} = \frac{\dot{V}_2}{k\dot{I}_2} = -\frac{Z_\mathrm{L}}{k}$$

可见，当输出端接负载 $Z_\mathrm{L}$ 时，由输入端看进去的阻抗 $Z_\mathrm{in}$ 是一个与 $Z_\mathrm{L}$ 成比例的负阻抗。

负阻抗变换器可以由运算放大器组成，其实现电路如图 5.2.2 所示。

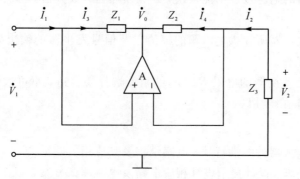

图 5.2.2　负阻抗变换器的实现电路

该运算放大器工作在线性区，有

$$\dot{V}_1 = \dot{V}_2, \quad \dot{I}_1 = \dot{I}_3, \quad \dot{I}_2 = \dot{I}_4, \quad Z_1 = \frac{\dot{V}_1 - \dot{V}_0}{\dot{I}_3}$$

$$\dot{Z_1} = \frac{\dot{V_1}}{\dot{I_1}}, \quad \dot{Z_1} = \frac{\dot{V_2} - \dot{V_0}}{\dot{I_4}}, \quad Z_3 = \frac{-\dot{V_2}}{\dot{I_2}},$$

则

$$Z_{in} = \frac{\dot{V_1}}{\dot{I_1}} = -\frac{Z_1 Z_3}{Z_2}$$

（1）负电阻的实现。

当三个阻抗均为电阻元件，即 $Z_1 = R_1$、$Z_2 = R_2$、$Z_3 = R_3$ 时，根据上式可得

$$Z_{in} = \frac{\dot{V_1}}{\dot{I_1}} = -\frac{Z_1 Z_3}{Z_2} = -\frac{R_1 R_3}{R_2} = -R$$

式中 $R = R_1 = R_2 = R_3$。

（2）负电容的实现。

当 $Z_3$ 为电容元件，$Z_1$、$Z_2$ 仍为电阻元件时，则输入阻抗为一个负电容，其值为

$$Z_{in} = \frac{\dot{V_1}}{\dot{I_1}} = -\frac{Z_1 Z_3}{Z_2} = -\frac{R_1 R_3}{R_2} = -\frac{1}{j\omega C} = -Z_C$$

式中 $R = R_1 = R_2$，$Z_3 = \frac{1}{j\omega C}$。

（3）负电感的实现。

当 $Z_3$ 为电感元件，$Z_1$、$Z_2$ 仍为电阻元件时，则输入阻抗为一个负电感，其值为

$$Z_{in} = \frac{\dot{V_1}}{\dot{I_1}} = -\frac{Z_1 Z_3}{Z_2} = -\frac{R_1 R_3}{R_2} = -j\omega L = -Z_L$$

式中 $R = R_1 = R_2$，$Z_3 = j\omega L$。

**4．实验注意事项**

（1）交流毫伏表在测量前必须调零。

（2）运算放大器的电源极性不能接错，以免损坏运算放大器。每次换接外部元件时，必须先断开供电电源。

（3）注意运算放大器所加供电电源的幅值以及信号发生器的输出幅值要合适，以保证运算放大器能正常工作。

（4）构成负阻抗变换器的电阻 $R_1$、$R_2$ 的阻值选择要合适，不可太大，也不可过小，要保证运算放大器工作在线性区。

**5．预习思考题**

（1）了解运算放大器的线性特性、电路结构及其应用。

（2）根据设计要求、设计提示设计相应电路及电路测试方案。

**6．实验总结题**

（1）详细阐述实验电路设计及计算过程。

（2）介绍自拟的实验方案及步骤，并设计实验数据记录表格。

（3）比较设计值与实际测试结果，分析误差原因。

（4）整理实验数据，绘制各负阻抗的频率特性曲线，并对负阻抗变换器的应用作出总结。

（5）根据实验设计、仿真测试、实际测试结果并结合实验设计要求给出本次实验的设计结论。

# 5.3　回转器设计

**1. 实验导言**

电容和电感是具有对偶性质的电路元件，其表现出不同的阻抗特性。回转器的作用是可以将电容回转为电感，将电感回转为电容。

**2. 实验目的**

（1）基本掌握回转器的端口特性和作用。

（2）加深对 $RLC$ 并联谐振电路的理解。

（3）掌握回转器参数的测试方法。

**3. 实验要求及说明**

（1）自行设计实验测试方案和数据记录表格，选择合适的测试仪表，测试给定电路的电路参数，电路如图 5.3.1 所示。

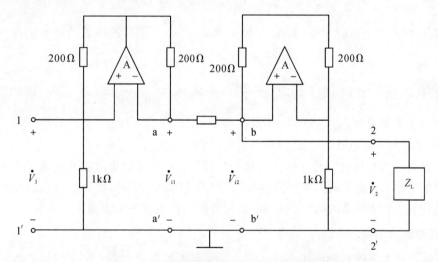

图 5.3.1　负阻抗变换器构成的回转器电路

① 测量图 5.3.1 中 2-2′ 间接不同负载阻抗 $Z_L$ 时回转器的回转电导 $G$。

② 观察回转器输入电压和输入电流之间的相位关系。

③ 测量不同频率时的等效阻抗。

（2）设计一个回转电感（电感量 $L=10$ mH），测量由其与 10 nF 电容、100 Ω 电阻构成的 $RLC$ 并联谐振电路的谐振频率 $f_0$ 及频率特性。

（3）要求查阅回转器的相关资料，自学理论知识，并选择合适的元件参数设计出满足实验要求的 $RLC$ 并联谐振电路，以实现在特定频率点处的谐振。

回转器是一个二端口网络，其端口电压、电流满足下式：

$$\begin{cases} \dot{V}_1 = -R\dot{I}_2 \\ \dot{V}_2 = R\dot{I}_1 \end{cases} \quad \text{或} \quad \begin{cases} \dot{I}_1 = G\dot{V}_2 \\ \dot{I}_2 = -G\dot{V}_1 \end{cases}$$

式中，$R$ 称为回转电阻，$R=1/G$；$G$ 称为回转电导。理想回转器的电路符号及其等效电路如图 5.3.2 所示。

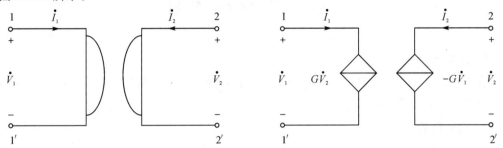

（a）电路符号　　　　　　　　（b）等效电路

图 5.3.2　理想回转器的电路符号及其等效电路

若在回转器的输出端接一负载阻抗 $Z_L$，则在回转器的输入端可得到一个输入端阻抗 $Z_{in}$，且

$$Z_{in} = \frac{\dot{V}_1}{\dot{I}_1} = \frac{-R\dot{I}_2}{\dot{V}_2/R} = \frac{-R^2}{\dot{V}_2/\dot{I}_2} = \frac{R^2}{Z_L}$$

① 若负载为一个电阻 $R_L$，即 $Z_L = R_L$，则 $Z_{in} = \dfrac{R^2}{R_L}$，即在回转器的输入端得一个等效电阻 $R^2/R_L$。

② 若负载为一个电容 $C_L$，即 $Z_L = \dfrac{-j}{\omega C_L}$，则 $Z_{in} = \dfrac{R^2}{1/j\omega C_L} = j\omega C_L R^2$，即在回转器的输入端可得到一个等效电感 $L_{eq}$，且 $L_{eq} = R^2 C_L$。

③ 若负载为一个电感 $L_L$，经回转器后可得到一个电容 $C_{eq} = G^2 L_L$。

故回转器可实现容性负载和感性负载的互相转换，是可以用电容元件来实现大电感量和低损耗的电感器。由于负阻抗变换器有"逆变阻抗"的作用，因此回转器可以由两个负阻抗变换器构成，具体电路的结构、组成、回转阻抗值的推导等请查阅相关资料。

**4. 实验注意事项**

（1）运算放大器的电源极性不要接错，以免损坏运算放大器。注意运算放大器的输出不可短路。

（2）要保证运算放大器工作在线性区，其输入不能过大。

（3）实验过程中，要注意接地参考点的选取。

**5. 预习思考题**

（1）查阅回转器的相关资料，了解回转器的基本概念和特性。能够自行设计实验电路及实验测试方案，合理选择实验设备。

（2）了解实现回转电感的方法、电路结构，理解其工作原理及应用等。

（3）回顾 $RLC$ 并联谐振电路的工作原理。

**6. 实验总结题**

（1）试推导图 5.3.1 中 $2-2'$ 间接不同负载时，由 $1-1'$ 看进去的等效阻抗。

（2）阐述设计依据、计算过程及实验方案，绘制实验电路，整理实验数据。

（3）比较设计电路的结果与实际测试的结果，分析误差原因。

（4）整理实验观察的波形，总结回转器的性质、特点和应用。

（5）根据实验设计以及实际测试结果给出本实验的结论。

# 5.4　运放构成的方波和三角波发生器

**1. 实验导言**

可以利用双运放实现常见的基本方波和三角波信号，这是运放的又一应用。

**2. 实验目的**

（1）巩固对运放的理解和实际应用能力。

（2）加深对波形产生电路的认识。

**3. 实验要求及说明**

自行设计实验测试方案和数据记录表格，选择合适的测试仪表，测试给定电路的输出结果和波形参数，电路如图 5.4.1 所示。

① 图中的参数可取 $R=10\ \text{k}\Omega$，$C=0.1\ \mu\text{F}$。

② 观察和测量输出波形的幅度和频率。

③ 改变 $R$ 和 $C$ 的值，重新观察和测量输出波形的幅度和频率。

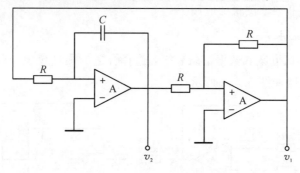

图 5.4.1　方波三角波产生电路

在实际电子设计中，需要同时产生如方波、三角波等多个信号的仪器设备。可以利用专门的信号发生器集成电路来产生多个波形，但这种方法的成本比较高；可以利用运放实现方波，再将方波信号积分变成三角波来产生两个波形，如果将三角波信号进行简单的滤波，还可以实现正弦波信号。图 5.4.1 中右侧是一个由运放构成的比较器电路，其作用是产生一个方波信号，将该方波信号作为另一个由运放构成的积分器的输入，即可产生三角波信号。三角波的输出频率和幅度与 $RC$ 的选择有关。

**4．实验注意事项**

（1）运放的电源极性和输入端不要接错。

（2）实验过程中，要注意保证运放在不同条件下工作在不同的工作区。

**5．预习思考题**

（1）查阅运放构成的比较器和积分器的相关资料，了解波形发生器电路的基本概念和特性。

（2）能够自行设计电路实验测试方案、合理选择实验测量仪器和设备并进行测试。

**6．实验总结题**

（1）阐述实验方案，观测实验波形参数。

（2）比较设计电路结果与实际测试结果，分析误差原因。

（3）根据实验设计、实际测试结果得出本实验的结论。

# 5.5 电压频率转换电路

**1．实验导言**

在自然科学中，如果直接解决问题比较麻烦或者达不到要求时，可以将问题进行转化。将对电压的测量转化为对频率的测量，从而提升测量精度，是这种转换思想的一个成功应用。

**2．实验目的**

（1）巩固对运放和 555 芯片的理解，强化其实际应用能力。

（2）加深对电压和频率测量的应用。

**3．实验要求及说明**

自行设计实验测试方案和数据记录表格，选择合适的测试仪表，测试给定电路的输出结果和波形参数，电路如图 5.5.1 所示。

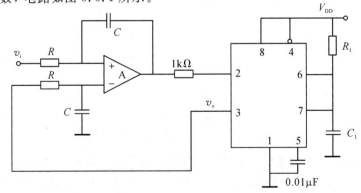

图 5.5.1 由 555 芯片和运放构成的电压频率转换电路

(1) 图中的参数可取 $R=100$ k$\Omega$, $C=0.01$ $\mu$F, $R_1=10$ k$\Omega$, $C_1=0.01$ $\mu$F。此时电压频率转换关系为 600 Hz/V, 即每增加 1 V 电压, 频率增加 600 Hz。

(2) 观察和测量输出波形的频率, 改变输入电压 $v_i$ 的大小, 重新测量结果。

(3) 改变电阻和电容的值, 重新观察和测量输出波形的频率。

在电子测量中, 经常会测量电压或者频率。尽管目前电压的直接测量已经达到了很高的精度, 比如直流电压的测量精度达到 $10^{-6}$, 但是与频率的测量精度可达 $10^{-13} \sim 10^{-14}$ 相比, 电压的测量精度还有很大差距。而且频率的测量还有其他优势, 如直接传递的特性使频率测量成为其他量值测量向着量子基准转化的先导; 信号的频率非常容易实现数字化, 尤其是中低频领域, 这使得频率测量容易实现智能化。因此, 在电压测量的过程中, 为了继续提高精度和实现智能化, 可以将电压转换为对应的频率, 根据频率的测量结果换算出电压值。

图 5.5.1 中右侧是一个由 555 芯片构成的单稳态电路, 其作用是产生一个方波信号, 该方波信号的频率与输入信号的电压值成正比, 因此可以根据测量的方波频率换算出输入信号的电压值。产生的方波信号的正脉宽时长为 $t_1=R_1 C_1 \ln 3 \approx 1.1 R_1 C_1$, 当输入 1 V 电压时, 周期为 1.67 ms 左右。

**4. 实验注意事项**

(1) 运放的电源极性和输入端不要接错, 保证运放工作在线性区。

(2) 为了减少电源的数目, 建议运放的电源电压和 555 芯片的电源电压的数值相同。

**5. 预习思考题**

(1) 查阅运放和由 555 芯片构成的单稳态电路的相关资料, 了解电压频率转换的基本概念和特性。

(2) 能够在自行改变电路的参数的基础上探索电压和频率的转换关系, 并合理选择实验测量仪器和设备进行测试。

**6. 实验总结题**

(1) 阐述实验方案, 观测实验波形, 精确测量输出信号的频率。

(2) 比较设计电路结果与实际测试结果, 分析误差原因。

(3) 根据实验设计以及实际测试结果得出本实验相关结论。

# 第 6 章　远程实境实验

本章以杭州电子科技大学远程实境实验中心为依托，介绍电路分析实验远程实验部分。远程实验技术在新冠疫情以来发挥了重要的作用，同时通过远程实验技术打破了传统电路分析强电实验对空间、时间的限制，消除了高电压、高噪声实验隐患。本章内容主要包括远程交流电路元件的辨别及特性研究、一阶动态电路及其响应、一阶动态电路"黑箱"模块的结构辨别及参数测量、集成运放线性应用远程实验、远程三相交流电路的研究、远程正弦交流电路功率因数提高的研究。

## 6.1　远程交流电路元件的辨别及特性研究

**1．实验目的**

（1）掌握测定交流元件 $L$、$C$ 阻抗频率特性的方法。

（2）加深对交流元件 $L$、$C$ 端电压与电流间相位关系的理解。

（3）掌握测试电压、电流间相位差的方法。

（4）掌握 NI Elvis 3 虚拟仪器的正确使用方法。

**2．实验仪器**

本实验用到的实验仪器主要有 NI Elvis 3 虚拟仪器和未知交流元件等。

**3．实验原理及电路图**

实验电路如图 6.1.1 所示，图中未知交流元件为电感元件 $L$ 或电容元件 $C$ 的一种，$R$ 为 51 Ω 标准电阻。

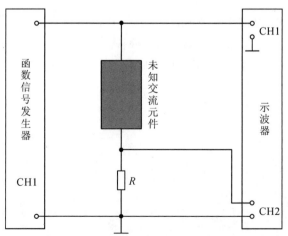

图 6.1.1　未知交流元件阻抗特性测试电路

函数信号发生器使用了 NI Elvis 3 虚拟仪器的 FUNCTION GENERATOR 模块的 CH1 通道，示波器使用了 NI Elvis 3 虚拟仪器的 OSCILLOSCOPE 模块的 CH1 和 CH2 通道。由于 $R$ 的阻值相较于未知交流元件的阻抗较小，CH1 通道的电压可以近似等于交流元件两端的电压，CH2 通道的电压与流过交流元件的电流成正比，它们之间的相位差可以反映元件的阻抗角 $\varphi$。

**4. 实验内容及步骤**

（1）交流元件的辨别。

通过远程实验门户网站预约实验平台，记录预约的实验台位，设置函数信号发生器输出的正弦信号，通过调节频率观察示波器的输出，判断所选实验平台的交流元件类型，并在表 6.1.1 中勾选。

（2）交流元件阻抗幅频特性的测量。

调节函数信号发生器输出的正弦信号，幅值保持在 5 V 峰值，逐渐增大频率（电容：1~5 kHz，电感：5~20 kHz），待波形稳定后调节示波器按钮，使显示出完整的波形，打开 MEASURMENT 选项读取示波器的 CH1 和 CH2 通道的有效值，记录至表 6.1.1 中，并计算出所选元件的参数。

**表 6.1.1　元件阻抗幅频特性参数测量**

| 元　件 | 电　容 | | | | | 电　感 | | | | |
|---|---|---|---|---|---|---|---|---|---|---|
| 频率 $f$/kHz | 1 | 2 | 3 | 4 | 5 | 5 | 7.5 | 10 | 15 | 20 |
| CH1 通道的有效值/V | | | | | | | | | | |
| CH2 通道的有效值/mV | | | | | | | | | | |
| 元件参数 | 平均值：　　　μF | | | | | 平均值：　　　mH | | | | |

（3）交流元件阻抗相频特性的测量。

通过示波器的两个通道观测交流元件两端的电压波形和流过交流元件的电流波形，频率选择和步骤（2）对应的元件一致，测量并将其记录在表 6.1.2 中，计算出阻抗角 $\varphi$，其中 $\varphi = (\Delta/T) \times 360°$。

**表 6.1.2　元件阻抗角参数测量**

| 元　件 | 电　容 | | | | | 电　感 | | | | |
|---|---|---|---|---|---|---|---|---|---|---|
| 频率 $f$/kHz | 1 | 2 | 3 | 4 | 5 | 5 | 7.5 | 10 | 15 | 20 |
| 相位差 $\Delta$/s | | | | | | | | | | |
| 周期 $T$/s | | | | | | | | | | |
| 阻抗角 $\varphi$/(°) | | | | | | | | | | |

（4）观测并记录信号频率为 5 kHz 时被测交流元件两端的电压（CH1）和流过交流元件的电流（CH2）的波形。

### 5. 实验预习思考题

（1）测量交流元件阻抗特性电路中取样电阻的作用是什么？它的阻值大小有什么要求？

（2）请说明不同性质的交流元件两端的电压与电流间的相位关系。

### 6. 实验总结题

（1）整理实验数据，说明所选交流元件类型并总结该交流元件的阻抗特性。

（2）分析实验数据，并与理想元件的阻抗特性进行比较，说明实际器件的等效模型及其阻抗特性与测试信号频率的关系。

（3）总结通过阻抗特性测量未知交流元件的一般方法。

# 6.2　一阶动态电路及其响应

### 1. 实验目的

（1）熟练应用动态电路波形测量和时间常数测量法。

（2）综合应用一阶动态电路分析理论知识，深入理解动态元件特性和一阶动态电路特有的阶跃响应波形。

（3）掌握仿真软件 Multisim 12.0 的使用方法。

### 2. 实验仪器

本实验主要使用 Multisim 12.0 软件进行。

### 3. 实验原理及电路图

含有电容或电感等动态元件的电路称为动态电路。在动态电路中，动态储能元件能量的储存和释放都不是即刻完成的，因为电路中的响应电流或电压一般要经过一个变化过程才达到稳定值，通常把该过程称为暂态过程或过渡过程。若所描述动态电路特性的方程为一阶常微分方程，则称该电路为一阶动态电路；若该方程是二阶常微分方程，则称该电路是二阶动态电路。

常见的一阶动态电路有 RL 串联、RL 并联、RC 串联和 RC 并联四种，如图6.2.1所示。可以将一阶动态电路"黑箱"模块与已知电阻串联构成测量电路，利用示波器观测电路的阶跃响应波形，通过初始值、稳态值和时间常数的测量就可以计算和辨别一阶动态电路的结构和参数。

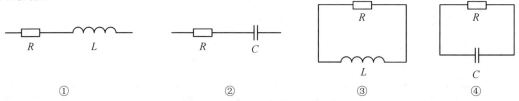

图 6.2.1　四种一阶动态电路结构

一阶动态电路"黑箱"模块的测量方案有两种,如图 6.2.2 所示。外接电阻选择与一阶动态电路内部电阻阻值相匹配的电阻。采用阶跃函数作为输入信号,方案 1 是将固定电阻的一端接地,将电阻上的电压 $v_{o1}$ 作为输出。方案 2 是将一阶动态电路"黑箱"模块的一端接地,将"黑箱"模块上的电压 $v_{o2}$ 作为输出,可采用三要素法推导出不同方案下不同电路输出电压的阶跃(零状态)响应表达式。

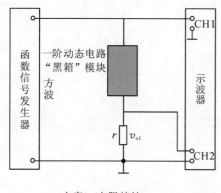

方案1 (电阻接地)　　　　　　　　　方案2 ("黑箱"模块接地)

图 6.2.2　一阶动态电路"黑箱"模块的两种测量方案

由一阶动态电路的相关知识可知,一阶动态电路的响应按照指数规律变化,从初始态 $f(0+)$ 变化至 $1/2[f(0+)+f(\infty)]$ 时所用的时间 $\Delta t = 0.69\tau$,读者可自行证明。因此可利用这个知识点测量动态电路的时间常数 $\tau$,只要从示波器上读出 $\Delta t$,再利用 $\Delta t/0.69$ 即可求出时间常数。

**4. 实验内容及步骤**

(1) 选择合适的测量方案,使用三要素法推导出四种一阶动态电路与电阻 $r$ 串联时输出电压的阶跃(零状态)响应表达式,填入表 6.2.1 中。

**表 6.2.1　输出电压的阶跃(零状态)响应表达式**

| 电路结构 | 时间常数 $\tau$ | 测量方案 | 输出电压的阶跃(零状态)响应表达式 |
|---|---|---|---|
| RL 串联 | | | |
| RL 并联 | | | |
| RC 串联 | | | |
| RC 并联 | | | |

(2) 使用 Multisim 12.0 软件对图 6.2.1 中四种一阶动态电路进行仿真分析,其中 $R = 100\ \Omega$, $L = 10\ \text{mH}$, $C = 1\ \mu\text{F}$,输出单位阶跃信号(峰-峰值为 1 V,偏置电压为 0.5 V 的方波)。为保障足够的时间常数,信号周期为 10 倍的时间常数 $\tau$,测量电阻 $r$ 和一阶动态电路内部电阻 $R$ 一致,按照所选测量方案进行仿真分析,得出四种一阶动态电路的输出电压波形,分别记录完整的一个周期。

(3) 通过仿真电压波形分别得出四种一阶动态电路的时间常数测量值,与时间常数计算值进行相对误差分析,将结果记录在表 6.2.2 中。

表 6.2.2　时间常数测量值与时间常数计算值之间的相对误差

| 电路结构 | 时间常数 $\tau$ | | |
|---|---|---|---|
| | 计算值 | 测量值 | 相对误差 |
| $RL$ 串联 | $\tau = \dfrac{L}{R} =$ | $\tau = \dfrac{\Delta t}{0.69} =$ | |
| $RL$ 并联 | $\tau = \dfrac{L}{R} =$ | $\tau = \dfrac{\Delta t}{0.69} =$ | |
| $RC$ 串联 | $\tau = RC =$ | $\tau = \dfrac{\Delta t}{0.69} =$ | |
| $RC$ 并联 | $\tau = RC =$ | $\tau = \dfrac{\Delta t}{0.69} =$ | |

**5. 预习思考题**

（1）说明为什么选择外接电阻阻值和一阶动态电路内部电阻一致。

（2）说明应该如何选择方波信号，为什么？

**6. 实验总结题**

（1）总结实验数据，记录四种一阶动态电路的输出波形，在图中标注出初始值、稳态值等关键数据，分析时间常数测量值和计算值之间误差产生的原因。

（2）根据仿真波形归纳出一阶动态电路"黑箱"模块实验采用了一阶动态电路响应分析的哪些方法？

# 6.3　一阶动态电路"黑箱"模块的结构辨别及参数测量

**1. 实验目的**

（1）掌握一阶动态电路"黑箱"模块的结构辨别方法和参数测量。

（2）掌握二端口特性测试的基本方法，熟练运用正弦稳态电路频率特性、一阶动态电路等相关知识。

（3）学会分析测量数据及误差产生的原因。

**2. 实验仪器**

本实验主要使用 NI Elvis 3 虚拟仪器、Multisim 12.0 软件以及一阶动态电路"黑箱"模块等。

**3. 实验原理及电路图**

"黑箱"模块是隐藏了元件参数和连接方式的二端口网络。"黑箱"模块电路结构可大致有 I 型、倒 L 型、T 型、π 型等，连接方式有串联和并联，可以看出只有 I 型是二端口"黑箱"。对于内部只有两种元件的电路，可能的连接方式有 $RL$ 串联、$RL$ 并联、$RC$ 串联、$RC$ 并联、$LC$ 串联、$LC$ 并联。三种元件可能有 $RLC$ 串联和 $RLC$ 并联。对于一阶动态电路，其内部由电抗元件和电阻元件组成，因此只有 $RL$ 串联、$RL$ 并联、$RC$ 串联、$RC$ 并联四种结构。

黑箱测试的方法有很多种，需要根据具体的结构选取合适的方法，常见的方法有三表法、谐振法、电桥法、示波器测量端口电压电流相位差法、动态响应测参数、频率特性测传递函数等。下面仅做举例说明：电容两端的电压滞后于流过其电流，电感两端的电压超前于流过其电流，而电感的感抗、电容的容抗与频率有关系，可通过给黑箱两端施加正弦信号来判定电路性质。根据端口电压和电流相位差，判定容性或者感性。一阶动态电路"黑箱"模块的结构辨别可根据电容 $C$ 隔直通交的特性，使用万用表去测量黑箱的电阻，如果电阻为无穷大，那么可以判定一阶动态电路内部为 $RC$ 串联；若电阻为有限值，则为其他情况。由于实际电感有一个较小的内阻，如果测量电阻比较小，则可推测一阶动态电路内部为 $RL$ 并联。感性电路 $RL$ 串联或 $RL$ 并联的判别依据如下：由于实际电感有一个较小的内阻，如果测量的电阻比较小，可推测为 $RL$ 并联，$RL$ 并联结构的阻抗随着频率的增加由 0 增加至 $R$。而 $RL$ 串联时随着频率的增加，其等效阻抗由 $R$ 开始单调递增。因此，可施加低频信号观测一阶动态元件的阻抗特性来实现判别。

确定了二端口"黑箱"的结构后，就需要对参数进行确定，通过示波器测端口电压电流波形和频率特性测量等方法进行测量。测量时可以通过改变参数来测量多组数据，以减小测量产生的误差，可改变的参数包括串联电阻值、信号频率、信号幅值等。

如图 6.3.1 为一阶动态电路"黑箱"模块远程测试方案，函数信号发生器使用了 NI Elvis 3 虚拟仪器的 FUNCTION GENERATOR 模块的 CH2 通道，示波器使用了虚拟仪器 OSCILLOSCOPE 模块的 CH3 和 CH4 通道，通过数字 I/O 的 A/DIO7∶0 来控制电路的切换和电阻的选择。使用开关 $S_0$ 控制万用表测量一阶动态电路"黑箱"模块的电阻，此时需要将其余开关全部断开。开关选择 $S_2$ 和 $S_4$（或 $S_6$），此时对应了实验 6.1 中的实验电路，CH3 通道测量电压，CH4 通道测量正比于电流的电压信号，也对应了实验 6.2 的电阻接地的测量方案，CH4 通道测量输出信号。开关选择 $S_5$ 和 $S_1$（或 $S_3$），对应了实验 6.2 中的"黑箱"模块接地的测量方案，CH3 通道测量输出信号。其中 $R_1$ 和 $R_3$ 为 100 $\Omega$，$R_2$ 和 $R_4$ 为 1 k$\Omega$。

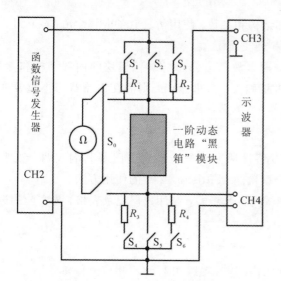

图 6.3.1　一阶动态电路"黑箱"模块远程测试方案

图 6.3.2 为"黑箱"测试远程实验板，将其放置在 NI Elvis 3 虚拟仪器，数字 I/O 通过继电器连接至电路的切换开关预留端口。

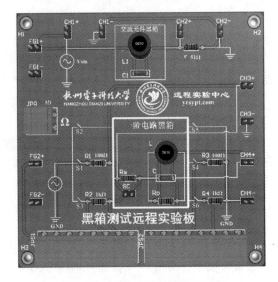

图 6.3.2 "黑箱"测试远程实验板

**4．实验内容**

本节实验内容为一阶动态电路"黑箱"模块的结构辨别及参数测量。一阶动态电路"黑箱"模块的内部结构有 $RL$ 串联、$RL$ 并联、$RC$ 串联和 $RC$ 并联四种。学生需自行设计实验方案，判断预约实验台位内部结构以及各元件的参数值，具体步骤如下。

（1）预约远程实验平台，记录预约的实验台位。

（2）根据设计好的实验测量方案完成实验，记录原始数据。

（3）根据实验测量数据判断"黑箱"模块的内部结构和具体元件参数，绘制"黑箱"模块的内部电路。

（4）采用测试所得"黑箱"模块的内部结构和参数，使用仿真软件 Multisim 12.0 进行分析，比较仿真数据和实验数据，分析误差产生的原因。

（5）在完成实验测量和仿真对比后，期末教师会公布"黑箱"模块的内部结构和参数，与实验测量结果进行比较，判断结果是否正确。若结果错误，则需在白箱状态下重复实验测量，分析原因（选做）。

**5．实验预习及准备**

（1）复习远程交流电路元件的辨别及特性研究和一阶动态电路及其响应两个实验内容，进一步熟悉 NI Elvis 3 虚拟仪器和仿真软件 Multisim 12.0 的使用方法。

（2）自行设计实验方案，确定实验测试内容及步骤，设计数据记录表格，为实验的进行做好准备工作。

**6．实验总结题**

（1）整理实验数据，画出"黑箱"模块的内部电路图，并标注出相应元件参数。

（2）将实验数据与理想元件的数据进行分析比较，对测量结果进行评价，分析误差产生的原因。

（3）结合实验测量和仿真数据，整理总结一阶动态电路"黑箱"模块的结构辨别和参数测量的一般方法。

# 6.4　集成运放线性应用远程实验

**1. 实验目的**

（1）掌握集成运放线性应用电路的一般分析方法。

（2）掌握集成运放反相比例运算电路、同相比例运算电路等的测试方法。

（3）理解集成运放线性应用电路的工作频率范围。

**2. 实验仪器**

本实验主要使用 EMONA net CIRCUIT labs 远程平台。

**3. 实验原理及电路图**

集成运放是高增益的多级直接耦合放大器，集成运放一般由电源正负输入端、反相输入端、同相输入端和输出端组成。图 6.4.1 所示为集成运放 $\mu$A741 的输入输出管脚，其中 2 脚为反相输入端，5 脚为同相输入端，6 脚为输出端，在它们之间加上不同的反馈网络就能实现不同的电路功能。当集成运放工作在线性区时，其参数很接近理想值，可以把它作为理想运放来应用分析。当理想运放的开环差模输入电阻为无穷大时，输入电流为 0，即 $I_+ = I_- = 0$，把它称为"虚断"；当理想运放的开环差模电压增益为无穷大，输出电压有限时，差模输入电压为 0，即 $V_+ = V_-$，把它称为"虚短"。理想运放的输出电阻为 0，失调电压和电流都为 0。

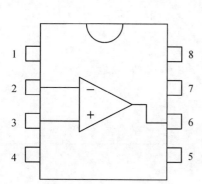

图 6.4.1　集成运放 $\mu$A741 的输入输出管脚

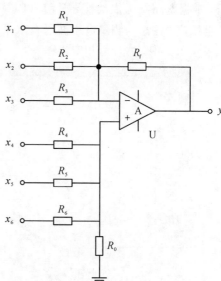

图 6.4.2　六输入信号单输出信号的一般
加减法比例运算电路的结构

线性运算电路可以由集成运放和电阻构成，反相比例运算电路、同相比例运算电路、加法电路、减法电路都属于一般加减法比例运算电路，图 6.4.2 所示为六输入信号单输出信号的一般加减法比例运算电路的结构。

当一般加法比例运算电路反相输入端的所有输入信号均为 0 时，可得到同相加法比例运算电路；反之，当同相输入端的所有输入信号均为 0 时，可得到反相加法比例运算电路。当只有一个同相输入端时，就得到同相比例运算电路；当只有一个反相输入端时，就得到反相比例运算电路。当反相和同相输入端各有一个输入信号时，就可以得到减法电路。图 6.4.3 所示为本节选用的集成运算线性应用电路。

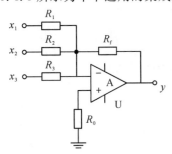 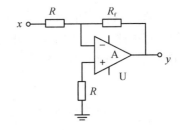 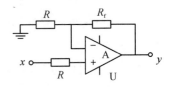

（a）反相加法比例运算电路　　　（b）反相比例运算电路　　　（c）同相比例运算电路

图 6.4.3　集成运算线性应用电路

### 4. 实验内容及步骤

1）反相加法比例运算电路

点击"更换实验"按钮，选择"求和电路"实验项目，得到图 6.4.4 所示的求和电路远程实验界面。首先，示波器的 CHA、CHB、CHC、CHD 四个通道连接 TP1、TP2、TP3、TP4 四个测试点，示波器调节至 DC 挡位，12 V 和 −12 V 之间使用五个电阻进行分压，分压后所得的不同电压再经过由集成运放构成的电压跟随器，它们最终作为求和电路的输入电压，根据电路结构依次推导计算 TP1～TP6 的计算值；然后，使用示波器测量 TP1～TP6 的电压值。注意当测量电压波形在水平基准以下时，测量值为负值，将计算值和测量值填入表 6.4.1 中，并计算相对误差。

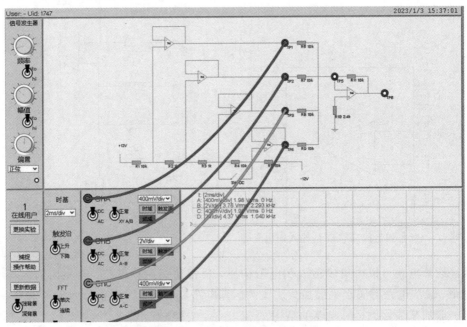

图 6.4.4　求和电路远程实验界面

**表 6.4.1　求和电路各节点的计算值和测量值**

| 节点 | TP1 | TP2 | TP3 | TP4 | TP5 | TP6 |
|---|---|---|---|---|---|---|
| 计算值/V | | | | | | |
| 测量值/V | | | | | | |
| 相对误差/% | | | | | | |

2）反相比例运算电路

点击"更换实验"按钮，选择"反相放大器"实验项目，得到图 6.4.5 所示的反相比例运算电路远程实验界面。输入信号选择频率约为 1 kHz、幅值为 300 mV 左右、偏置电压为 0 的正弦信号，可使用示波器的 CHA 通道观测函数信号发生器的输出信号，使用示波器的 CHB、CHC 通道观测反相输入端电压（TP1）和输出端电压（TP2），示波器调节至 AC 挡位，调整示波器的水平时基和垂直挡位，使得输入电压和输出电压完整显示，记录此时的输入输出波形，读取此时电路的输入和输出的有效值，计算电路的放大倍数，并与根据电路参数推导出的理论放大倍数进行对比并做误差分析。

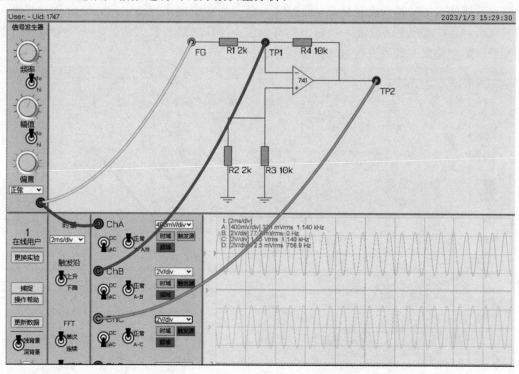

图 6.4.5　反相比例运算电路远程实验界面

保持输入信号的幅值不变和偏置不变，逐渐增加输入信号的频率，并实时调整示波器的水平时基和垂直挡位，使得输出波形完整显示，直至输出电压的有效值变为原来输入 1 kHz 频率时输出电压有效值的 0.707 时记录此时示波器的频率，即得该电路的上限截止频率 $f_H$。

保持输入信号的幅值不变和偏置不变，逐渐增加输入信号的频率直至 1 MHz，实时调整示波器的水平时基和垂直挡位，使得输出波形完整显示，记录不同频率时电路的输入和输出的有效值,并计算电路的放大倍数,将数据记录至表 6.4.2 中,并根据数据绘制反相比例运算电路的频率特性曲线。

表 6.4.2　反相比例运算电路频率特性

| $f/\text{Hz}$ | 1 k | | | | | | | 1 M |
|---|---|---|---|---|---|---|---|---|
| 输入 $V_{\text{RMS}}$ | | | | | | | | |
| 输出 $V_{\text{RMS}}$ | | | | | | | | |
| 增益 $A_{\text{V}}$ | | | | | | | | |

3）同相比例运算电路

点击"更换实验"按钮,选择"同相放大器"实验项目,得到图 6.4.6 所示的同相比例运算电路远程实验界面。输入信号选择频率约为 1 kHz、幅值为 300 mV 左右、偏置电压为 0 的正弦信号,可使用示波器的 CHA 通道观测函数信号发生器的输出信号,使用示波器的 CHB、CHC 通道观测同相输入端电压(TP2)和输出端电压(TP1),示波器调节至 AC 挡位,调整示波器的水平时基和垂直挡位,使得输入电压和输出电压完整显示,记录此时的输入输出波形,读取此时电路的输入和输出的有效值,计算电路的放大倍数,并与根据电路参数推导出的理论放大倍数进行对比并做误差分析。

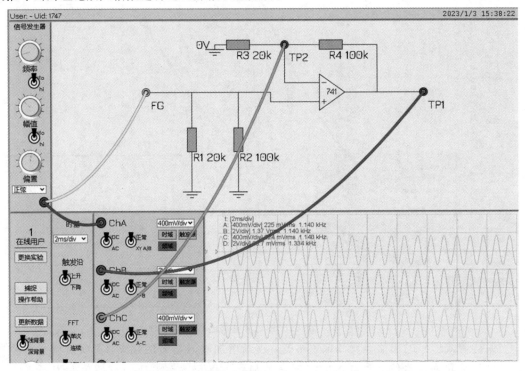

图 6.4.6　同相比例运算电路远程实验界面

保持输入信号的幅值不变和偏置不变,逐渐增加输入信号的频率,并实时调整示波器的水平时基和垂直挡位,使得输出波形完整显示,直至输出电压的有效值变为原来输入 1 kHz 频率时输出电压有效值的 0.707 时记录此时示波器的频率,即为该电路的上限截止

频率 $f_{\mathrm{H}}$。

保持输入信号的幅值不变和偏置不变，逐渐增加输入信号的频率直至 1 MHz，实时调整示波器的水平时基和垂直挡位，使得输出波形完整显示，记录不同频率时电路的输入和输出的有效值，并计算电路的放大倍数，将数据记录至表 6.4.3 中，并根据数据绘制同相比例运算电路的频率特性曲线。

**表 6.4.3 同相比例运算电路频率特性**

| $f/\mathrm{Hz}$ | 1k | | | | | | 1M |
|---|---|---|---|---|---|---|---|
| 输入 $V_{\mathrm{RMS}}$ | | | | | | | |
| 输出 $V_{\mathrm{RMS}}$ | | | | | | | |
| 增益 $A_{\mathrm{V}}$ | | | | | | | |

**5. 实验预习及准备**

（1）复习集成运放相关理论知识，画出反相加法比例运算电路、反相比例运算电路和同相比例运算电路的电路图，并推导其输出和输入之间的关系表达式。

（2）通过远程实验门户网站预约 EMONA net CIRCUIT labs 远程平台，熟悉平台的使用方法。

**6. 实验总结题**

（1）比较反相加法比例运算电路、反相比例运算电路和同相比例运算电路输出的计算值和测量值，分析误差产生的原因。

（2）理想运放有哪些特点？分析时使用的"虚短"和"虚断"分别对应了哪些特点？

（3）使用叠加原理试推导图 6.4.2 所示的一般加减法比例运算电路的输出和输入之间的关系。

（4）使用仿真软件 Multisim 12.0 和集成运放 $\mu$A741 搭建实验内容中的反相加法比例运算电路，并将仿真结果与实验测量值进行比较。

# 6.5 远程三相交流电路的研究

**1. 实验目的**

（1）掌握三相交流电路负载星形连接、三角形连接方法。

（2）理解星形连接、三角形连接时线电压和相电压、线电流和相电流之间的关系。

**2. 实验仪器**

本实验主要使用三相电远程实验平台和计算机等。

**3. 实验原理及电路图**

三相电路是由三相电源、三相负载和三相输电线组成的电路，其本质上是一种结构比较复杂的正弦稳态电路。三相电源的幅值和相位之间有着特定的关系，正是由于这种关系，对于对称三相电路的分析采用简单的抽单相方法，对于不对称三相电路则需采用电路的一般分析方法。

1）对称三相电路

（1）对称三相电源。

对称三相电源是由三个等幅值、同频率、初相位依次相差 120° 的正弦电压源组成的，三相电压的瞬时表达式为

$$\begin{cases} v_A = \sqrt{2}V\sin(\omega t) \\ v_B = \sqrt{2}V\sin(\omega t - 120°) \\ v_C = \sqrt{2}V\sin(\omega t + 120°) \end{cases} \quad (6.5.1)$$

三相电压对应的相量形式分别为

$$\begin{cases} \dot{V}_A = V\angle 0° \\ \dot{V}_B = V\angle -120° \\ \dot{V}_C = V\angle +120° \end{cases} \quad (6.5.2)$$

由式（6.5.1）和式（6.5.2）可以得出：

$$v_A + v_B + v_C = 0 \quad (6.5.3)$$

$$\dot{V}_A + \dot{V}_B + \dot{V}_C = 0 \quad (6.5.4)$$

每一相经过同一相位值的先后次序称为相序。图 6.5.1 为对称三相电源的波形和相量图，其中 $v_A$ 领先 $v_B$ 120°，$v_B$ 领先 $v_C$ 120°，这种相序称为顺序或正序。

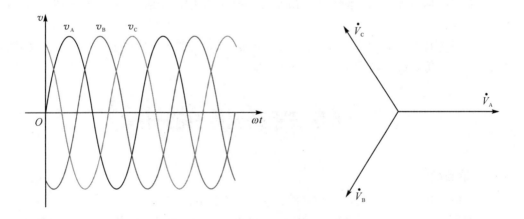

图 6.5.1　对称三相电源的波形和相量图

对称三相电源的连接方式有星（Y）形和三角（△）形两种，如图 6.5.2 所示。图 6.5.2(a)中 Y 形接法从三个电压源正端引出的导线称为端线（火线），三个电压源负端的连接点称为中性点，从中性点引出的导线称为中线（零线），端线之间的电压称为线电压，各相电源电压称为相电压，端线中流过的电流称为线电流，各相电压源中的电流称为相电流。图 6.5.2(b)中△形

接法三个电压源正负首尾相接，相电压、线电压、相电流和线电流的概念与 Y 形电源相同，但是△形电源没有中线。

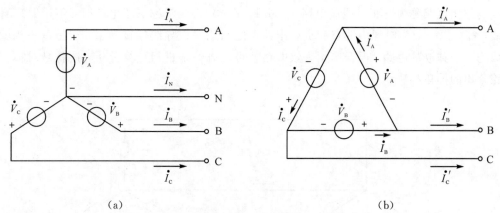

$$(a) \qquad\qquad\qquad\qquad (b)$$

图 6.5.2　Y 形连接和△形连接对称三相电源

当对称三相电源 Y 形连接时，线电压为

$$\begin{cases} \dot{V}_{AB} = \dot{V}_A - \dot{V}_B = \sqrt{3}\dot{V}_A \angle 30° \\ \dot{V}_{BC} = \dot{V}_B - \dot{V}_C = \sqrt{3}\dot{V}_B \angle 30° \\ \dot{V}_{CA} = \dot{V}_C - \dot{V}_A = \sqrt{3}\dot{V}_C \angle 30° \end{cases} \tag{6.5.5}$$

可以看出，对于 Y 形连接的对称三相电源，线电压的幅值等于相电压幅值的 $\sqrt{3}$ 倍，相位领先相应的相电压 30°。当对称三相电源 Y 形连接时，流过端线的电流等于流过每相电源的电流，即线电流等于相电流。同理，我们可以推导出，对于△形连接的对称三相电源，线电压等于相电压，线电流等于相电流的 $\sqrt{3}$ 倍，相位滞后相应的相电压 30°。

（2）对称三相电路分析。

在对称三相电源 Y 形连接和△形连接中，线电压和相电压、线电流和相电流的关系同样适用于相同连接方式的对称三相负载。因此电源和负载之间共有四种可能的连接方式，即 Y - Y 连接、Y -△连接、△- Y 连接和△-△连接。在研究三相电路时，可利用电源的等效变换，将△形连接的电源转换为 Y 形连接，等效条件是转换前后电源输出的线电压不变。因此，本实验仅讨论 Y - Y 连接和 Y -△连接。

图 6.5.3 为 Y - Y 连接对称三相电路，以中性点为参考点，由节点法分析可以得出，负载中性点与电源中性点的电位相同，可以认为它们之间是短路的。三相相电流分别为

$$\begin{cases} \dot{I}_A = \dfrac{V \angle 0°}{|Z| \angle \varphi} = \dfrac{V}{|Z|} \angle -\varphi \\ \dot{I}_B = \dfrac{V \angle -120°}{|Z| \angle \varphi} = \dfrac{V}{|Z|} \angle -120° -\varphi \\ \dot{I}_C = \dfrac{V \angle +120°}{|Z| \angle \varphi} = \dfrac{V}{|Z|} \angle 120° -\varphi \end{cases} \tag{6.5.6}$$

其中，$\varphi$ 是每相负载的阻抗角，同时也是每一相的功率因数角，即相电压和相电流的相位差。

由式(6.5.6)可以看出，三相电流也是对称的，在 Y 形连接中，相电流就是线电流，因

此线电流也是对称的，显然可以得出中线电流为零，如同开路。因此断开中线对电路没有影响，也无需考虑中线上的阻抗。有中线的 Y－Y 连接三相电路称为三相四线制电路，没有中线的三相电路称为三相三线制电路。在分析 Y－Y 连接对称三相电路时，不论原来有无中线，都可以等效为电源中性点和负载中性点之间用一根导线连接起来，于是每一相就可以成为一个独立的电路，根据单相等效电路就可以方便地进行计算分析，这就是对称三相电路常用的抽单相法。

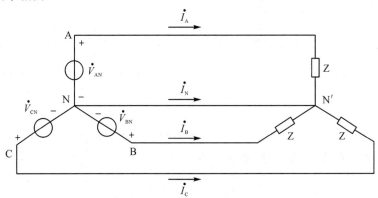

图 6.5.3　Y－Y 连接对称三相电路

图 6.5.4 为 Y－△连接对称三相电路，每相负载上的相电压就等于电源的线电压，进一步可以得出线电流等于相电流的 $\sqrt{3}$ 倍，相位滞后于相应的相电流30°，对于△形连接对称三相电路也可以采用抽单相的方法进行分析，将负载进行 Y－△变换，变换为 Y 型连接的每相负载为

$$Z_Y = \frac{Z}{3} \qquad (6.5.7)$$

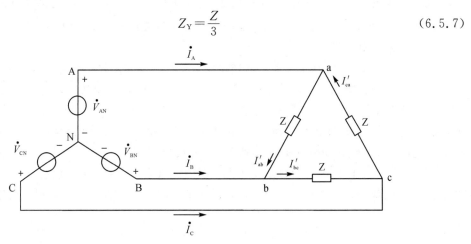

图 6.5.4　Y－△连接对称三相电路

△形连接变换为 Y 形连接后，就可以按照 Y 形连接抽取等效电路进行分析计算，然后再回到原电路中，根据电压、电流的相、线关系求出待求量。

（3）三相电路的功率。

与一般的正弦稳态电路一样，三相电路的功率也有有功功率、无功功率、视在功率。相电压、相电流的变量符号用下标"P"表示，线电压、线电流的变量符号用下标"L"表示。

对于对称三相电路，单相有功功率可以表示为

$$P_{\mathrm{P}}=V_{\mathrm{P}}I_{\mathrm{P}}\cos\varphi \tag{6.5.8}$$

接下来分析对称三相电路的瞬时功率，设 A 相的电压、电流分别为

$$\begin{cases}v_{\mathrm{AN}}=\sqrt{2}\,V_{\mathrm{P}}\sin\omega t\\ i_{\mathrm{A}}=\sqrt{2}\,I_{\mathrm{P}}\sin(\omega t-\varphi)\end{cases} \tag{6.5.9}$$

则 A 相的瞬时功率分别为

$$\begin{aligned}p_{\mathrm{A}}&=v_{\mathrm{AN}}i_{\mathrm{A}}=\sqrt{2}\,V_{\mathrm{P}}\sin\omega t\times\sqrt{2}\,I_{\mathrm{P}}\sin(\omega t-\varphi)\\ &=V_{\mathrm{P}}I_{\mathrm{P}}\left[\cos\varphi-\cos(2\omega t-\varphi)\right]\end{aligned} \tag{6.5.10}$$

同理可以得到

$$\begin{aligned}p_{\mathrm{B}}&=v_{\mathrm{BN}}i_{\mathrm{B}}=\sqrt{2}\,V_{\mathrm{P}}\sin(\omega t-120°)\times\sqrt{2}\,I_{\mathrm{P}}\sin(\omega t-\varphi-120°)\\ &=V_{\mathrm{P}}I_{\mathrm{P}}\left[\cos\varphi-\cos(2\omega t-\varphi-240°)\right]\end{aligned} \tag{6.5.11}$$

$$\begin{aligned}p_{\mathrm{C}}&=v_{\mathrm{CN}}i_{C}=\sqrt{2}\,V_{\mathrm{P}}\sin(\omega t+120°)\times\sqrt{2}\,I_{\mathrm{P}}\sin(\omega t-\varphi+120°)\\ &=V_{\mathrm{P}}I_{\mathrm{P}}\left[\cos\varphi-\cos(2\omega t-\varphi+240°)\right]\end{aligned} \tag{6.5.12}$$

三相电路的瞬时功率为各相负载瞬时功率之和，即

$$p=p_{\mathrm{A}}+p_{\mathrm{B}}+p_{\mathrm{C}}=3V_{\mathrm{P}}I_{\mathrm{P}}\cos\varphi \tag{6.5.13}$$

由式(6.5.13)可以看出，对称三相电路的瞬时功率是一个常量，这是对称三相电路的优越性能，习惯上把这一性能称为瞬时功率平衡。

对于 Y 形的电源或负载，有

$$V_{\mathrm{P}}=\frac{V_{\mathrm{L}}}{\sqrt{3}},\ I_{\mathrm{P}}=I_{\mathrm{L}} \tag{6.5.14}$$

对于△形的电源或负载，有

$$V_{\mathrm{P}}=V_{\mathrm{L}},\ I_{\mathrm{P}}=\frac{I_{\mathrm{L}}}{\sqrt{3}} \tag{6.5.15}$$

通过上述关系可以得出对称三相电路的三相总功率可以表示为

$$P=\sqrt{3}\,V_{\mathrm{L}}I_{\mathrm{L}}\cos\varphi \tag{6.5.16}$$

类似地可以得到三相电路的无功功率和视在功率为

$$Q=3V_{\mathrm{P}}I_{\mathrm{P}}\sin\varphi=\sqrt{3}\,V_{\mathrm{L}}I_{\mathrm{L}}\sin\varphi \tag{6.5.17}$$

$$S=3V_{\mathrm{P}}I_{\mathrm{P}}=\sqrt{3}\,V_{\mathrm{L}}I_{\mathrm{L}} \tag{6.5.18}$$

2) 不对称三相电路

在三相电路中，只要有一部分不对称，如电源不对称或负载不对称，就称该三相电路为不对称三相电路。在实际电力系统中，电源不对称的情况较少。因此，这里讨论的不对称三相电路指的是只有负载是不对称的，而电源仍是对称的。不对称负载做星形连接时必须要采用三相四线制接法(即中线必须连接)。不对称三相电路不能采用抽取单相等效电路的方法来分析，必须采用电路的一般分析方法，如 KCL、KVL 和节点电压法等分析方法。本实验以 Y - Y 连接不对称三相电路为例，如图 6.5.5 所示。

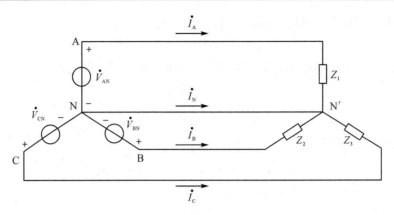

图 6.5.5　Y-Y 连接不对称三相电路

下面分析不对称三相电路的电学特性，其中不对称三相负载分别为 $|Z_1|\angle\varphi_1$、$|Z_2|\angle\varphi_2$、$|Z_3|\angle\varphi_3$，当中线存在时，每相负载上的电压就是电源的相电压，各相电流为

$$\begin{cases} \dot{I}_A = \dfrac{V\angle 0°}{|Z_1|\angle\varphi_1} = \dfrac{V}{|Z_1|}\angle -\varphi_1 \\[2mm] \dot{I}_B = \dfrac{V\angle -120°}{|Z_2|\angle\varphi_2} = \dfrac{V}{|Z_2|}\angle -120°-\varphi_2 \\[2mm] \dot{I}_C = \dfrac{V\angle +120°}{|Z_3|\angle\varphi_3} = \dfrac{V}{|Z_3|}\angle 120°-\varphi_3 \end{cases} \qquad (6.5.19)$$

进而得出中线电流为

$$\dot{I}_N = -(\dot{I}_A + \dot{I}_B + \dot{I}_C) \qquad (6.5.20)$$

当中线断开时，各相负载上的电压不再等于电源的相电压。通过节点电压法得

$$\dot{V}_{N'N} = \frac{\dfrac{\dot{V}_{AN}}{Z_1} + \dfrac{\dot{V}_{BN}}{Z_2} + \dfrac{\dot{V}_{CN}}{Z_3}}{\dfrac{1}{Z_1} + \dfrac{1}{Z_2} + \dfrac{1}{Z_3}} \qquad (6.5.21)$$

负载中性点与电源中性点不再等电位，而发生了中性点位移，式(6.5.21)称为中性点位移电压。此时各相电流为

$$\dot{I}_A = \frac{\dot{V}_{AN} - \dot{V}_{NN'}}{Z_1}, \quad \dot{I}_B = \frac{\dot{V}_{BN} - \dot{V}_{NN'}}{Z_2}, \quad \dot{I}_C = \frac{\dot{V}_{CN} - \dot{V}_{NN'}}{Z_3} \qquad (6.5.22)$$

从式(6.5.22)可以看出：当不对称电路存在无阻抗的中线时，各相负载获得的电压仍等于电源的相电压，这对实际电网运行是十分重要的。因为在实际电网中，各相负载一般是不对称的，中线的存在保证了各相都工作在额定电压下。不对称负载有可能导致很大的中线电流，中线上不能安装保险丝。一旦保险丝熔断，电路就变成了三相三线制电路，负载发生中点位移，负载电压就会变化，导致负载工作不正常。

**4. 实验内容及步骤**

三相电远程实验平台如图 6.5.6 所示。实验数据通过工业级远程数据采集设备 Compact DAQ 进行测量和采集，实验数据可以通过光学变焦摄像头实时读取，同时也通过

LabVIEW 将数据处理传输至服务器，个人 PC 端使用门户网站预约实验台位进行实验数据测量和处理。

图 6.5.6　三相电远程实验平台

　　图 6.5.7 所示为三相电远程实验平台的操作界面，左上角为电路的总开关，左下角为摄像头开关，A、B 和 C 为对应的三相负载，N 为零线，通过控制开关"$S_1$""$S_2$""$S_3$"可以改变三相负载的连接方式，A 相负载可以选择一盏灯、两盏灯或串联的三盏灯接入电路，B 相负载可以选择一盏灯、两盏灯或日光灯接入电路，C 相负载可以选择一盏灯、两盏灯或并联的三盏灯接入电路。各开关均可以通过继电器控制开关和闭合。

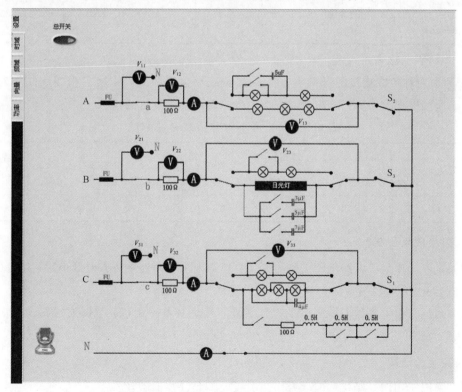

图 6.5.7　三相电远程实验平台的操作界面

1）三相对称负载

（1）Y 形对称负载。

三相电远程实验平台按照表 6.5.1 测试要求进行连接，负载按对称星形连接，每一相均选择两盏灯串联接入电路，电路连接检查无误后方可点击界面左上角的总开关，按实验要求进行下列实验。测量负载的各线电压、相电压、线电流及中线电流、电源 N 与负载 N′间的中点电压，并将数据填入表 6.5.1 中。

**表 6.5.1 Y 形对称负载参数测试**

| 负载情况 | 开灯盏数 | | | 线电流/A | | | 电压/V | | | | | | 中线电流 $I_N$/A |
|---|---|---|---|---|---|---|---|---|---|---|---|---|---|
| | A 相 | B 相 | C 相 | $I_A$ | $I_B$ | $I_C$ | $V_{11}$ | $V_{13}$ | $V_{21}$ | $V_{23}$ | $V_{31}$ | $V_{33}$ | |
| Y 形对称 | 2 | 2 | 2 | | | | | | | | | | |

（2）△形对称负载。

关闭界面左上角的总开关，通过控制开关"$S_1$""$S_2$""$S_3$"将负载连接方式切换为△形连接，每一相均选择两盏灯串联接入电路，电路连接检查无误后点击界面左上角的总开关，按照实验要求进行测量，并将实验数据填入表 6.5.2 中。

**表 6.5.2 △形对称负载参数测试**

| 负载情况 | 开灯盏数 | | | 线电流/A | | | 电压/V | | | | | | 中线电流 $I_N$/A |
|---|---|---|---|---|---|---|---|---|---|---|---|---|---|
| | A 相 | B 相 | C 相 | $I_A$ | $I_B$ | $I_C$ | $V_{11}$ | $V_{13}$ | $V_{21}$ | $V_{23}$ | $V_{31}$ | $V_{33}$ | |
| △形对称 | 2 | 2 | 2 | | | | | | | | | | |

2）三相不对称负载

在 Y 形对称负载连接的基础上，将 C 相负载一盏灯短路，构成三相四线制不对称负载，电路连接检查无误后打开电源总开关，按照表 6.5.3 进行测量。

**表 6.5.3 Y 形不对称负载参数测试**

| 负载情况 | 开灯盏数 | | | 线电流/A | | | 电压/V | | | | | | 中线电流 $I_N$/A |
|---|---|---|---|---|---|---|---|---|---|---|---|---|---|
| | A 相 | B 相 | C 相 | $I_A$ | $I_B$ | $I_C$ | $V_{11}$ | $V_{13}$ | $V_{21}$ | $V_{23}$ | $V_{31}$ | $V_{33}$ | |
| Y 形不对称 | 2 | 2 | 1 | | | | | | | | | | |

**5. 实验预习及准备**

（1）复习三相交流电路的相关理论知识，理解采用不同连接方式时线电压、相电压、线电流、相电流之间的关系。

（2）阅读三相电远程实验平台的操作说明，熟悉其电路组成，掌握通过切换开关实现不同连接方式的方法。

**6. 实验总结题**

（1）采用三相四线制接法时，为什么中线上不允许装保险丝？

（2）使用实验测试数据说明 Y 形对称负载连接时线电压、相电压之间的关系以及△形对称负载连接时线电压、相电压之间的关系。

## 6.6　远程正弦交流电路功率因数提高的研究

**1. 实验目的**

（1）学会测量感性负载和容性负载的电压、电流，并理解不同性质负载电压和电流的相位关系。

（2）理解功率因数低的危害以及对应的解决办法，掌握功率因数提高的方法以及对应的计算方法。

（3）掌握基尔霍夫定律在正弦稳态电路以及相量图中的应用。

**2. 实验仪器**

本实验主要使用三相电远程实验平台和计算机。

**3. 实验原理及电路图**

1）交流电路功率因数

单口网络端口电压和电流有效值的乘积定义为视在功率，视在功率的单位为 V·A。视在功率反映了单口网络所能提供的最大有功功率，代表了设备的容量的大小。将有功功率和视在功率之比定义为功率因数：

$$\lambda = \frac{P}{S} = \frac{VI\cos\varphi}{VI} = \cos\varphi \tag{6.6.1}$$

式中 $\varphi$ 为电路的单口网络端口电压和电流之间的相位差，也叫作功率因数角，同时也是单口网络等效阻抗的阻抗角。功率因数越大，说明在相同设备容量下，输出的有功功率越大，无功功率越小，设备的利用率越高。

当电源传递给负载的有功功率确定时，如果负载的功率因数太小，则电源向负载提供的电流就比较大；此时输电线路的损耗比较大；如果电压和电流固定，则功率因数越低，造成设备容量浪费就越大，因此功率因数小对电网和设备都有不利的影响，故需要对设备的功率因数进行提高。

2）三相电远程实验平台电路功率因数的测量

三相电远程实验平台采用电压电流采集卡测量被测元件的电压和电流。以三相电远程实验平台 B 支路为例进行说明，支路中串联了 100 Ω 的取样电阻，B 和 N 线之间的电压表测量的这一支路电压为 $V$，100 Ω 电阻并联的电压表测量的电压记为 $V_1$，日光灯两端电压表测量电压记为 $V_2$，如图 6.6.1 所示。日光灯电路可等效为一个电阻和理想电感的串联电路，电阻两端电压为 $V_r$，理想电感两端电压为 $V_L$，则有

$$\dot{V}_2 = \dot{V}_L + \dot{V}_r \tag{6.6.2}$$

根据交流电路的基尔霍夫定律可得

$$V^2 = V_L^2 + (V_r + V_1)^2 = V_L^2 + V_r^2 + V_1^2 + 2V_rV_1 = V_1^2 + V_2^2 + 2V_rV_1 \tag{6.6.3}$$

继而可以通过电压表的读数计算出电路的功率因数为

$$\cos\varphi = \frac{V_{\mathrm{r}}}{V_2} = \frac{V^2 - V_1^2 - V_2^2}{2V_1 V_2} \tag{6.6.4}$$

日光灯电路的等效电路中电阻和理想电感上的电压分别为

$$V_{\mathrm{r}} = V_2 \cos\varphi \tag{6.6.5}$$

$$V_{\mathrm{L}} = V_2 \sin\varphi \tag{6.6.6}$$

进而通过电流表读出回路中的电流，就能得出日光灯电路的等效电路的电流。

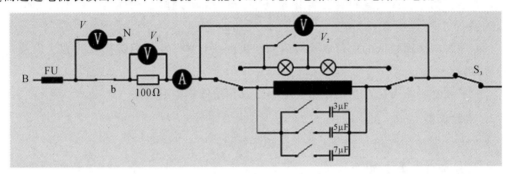

图 6.6.1 三相电远程实验平台 B 支路

3）提高功率因数的方法

实际交流电路中的负载多为感性负载，在不影响设备工作的前提下，可以通过在负载两端并联电容的方式来提高负载的功率因数，电路原理图如图 6.6.2 所示。并联电容后原支路的电压没有发生变化，因此支路上的电流也保持不变，设备用电状态没有发生变化。但是由于增加了容性支路，电路总回路的电流发生了变化。

并联电容前后，由于电路的电压没有发生变化，有功功率全部消耗在阻性部分，因此单口网络的有功功率没有发生变化。并联电容之前，无功功率是由电感提供的，而并联电容后，无功功率是由电感和电容共同提供的。当选择合适的电容时，总回路上的总电流减小，导致视在功率减小，单口网络的功率因数得到了提高。图 6.6.3 所示为感性负载功率因数提高相量图。

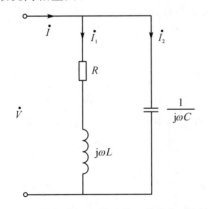

图 6.6.2 提高感性负载功率因数的电路原理图    图 6.6.3 感性负载功率因数提高相量图

根据图中的三角形关系可知，

$$I_2 = I_1 \sin\varphi_1 - I\sin\varphi_2 \tag{6.6.7}$$

将电流 $I = \dfrac{P}{V\cos\varphi_2}$，$I_1 = \dfrac{P}{V\cos\varphi_1}$，$I_2 = \omega CV$ 代入式(6.6.7)中可以得到感性负载功率因数提高到目标值的电容的取值为

$$C = \frac{P\,(\tan\varphi_1 - \tan\varphi_2)}{\omega V^2} \tag{6.6.8}$$

当交流负载为容性负载时，可与感性负载进行类比，通过并联电感的方式提高整个电路的功率因数，读者可试着画出容性负载功率因数提高相量图进行推导分析。

**4. 实验内容及步骤**

1) 日光灯电路的等效电路功率因数测量

三相电远程实验平台负载选择三相四线制的星形连接，这样可以使三相中每一相独立成正弦稳态分析。实验选择如图 6.6.1 所示的日光灯电路进行实验测量，负载选择日光灯回路接入电路，电路检查无误后点击总开关上电进行测量，待读数稳定后将电压表和电流表的读数记录至表 6.6.1 中。根据测量值绘制出日光灯电路的等效电路，并计算其功率因数。

**表 6.6.1　日光灯电路的等效电路功率因数测量**

| 测　量　值 | | | | 计　算　值 |
|---|---|---|---|---|
| $V/\mathrm{V}$ | $V_1/\mathrm{V}$ | $V_2/\mathrm{V}$ | $I/\mathrm{A}$ | $\cos\varphi = \dfrac{V^2 - V_1^2 - V_2^2}{2V_1 V_2}$ |
| | | | | |

由于日光灯电路中的整流器是感性负载，如果要提高其功率因数，则可在其两端并联电容。在实验电路中依次并入 3 μF、5 μF、7 μF 的电容，注意观察和记录电流表的读数变化，判断三种补偿分别为什么补偿类型。

2) 节能灯电路功率因数测量

三相电远程实验平台负载选择三相四线制的星形连接，实验选择如图 6.6.4 所示的节能灯电路进行实验测量。此时负载为三盏节能灯并联接入电路，电路检查无误后点击总开关上电进行测量，待读数稳定后将电压表和电流表的读数记录至表 6.6.2 中。根据测量值绘制出节能灯电路的等效电路，并计算其功率因数。

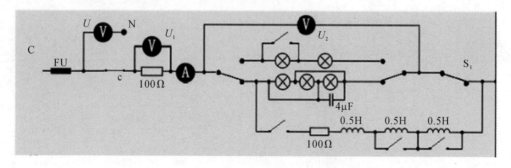

图 6.6.4　节能灯电路功率因数测量

表 6.6.2　节能灯电路功率因数测量

| 测　量　值 | | | | 计　算　值 |
|---|---|---|---|---|
| $V/V$ | $V_1/V$ | $V_2/V$ | $I/A$ | $\cos\varphi=\dfrac{V^2-V_1^2-V_2^2}{2V_1V_2}$ |
| | | | | |

**5. 实验预习及准备**

（1）复习正弦交流电路相关理论知识，了解日光灯电路、节能灯电路的工作原理及其等效电路。

（2）复习三表法、二表法测量电路功率因数的一般方法，写出每种方法需要记录的物理量，推导出功率因数的计算公式。

**6. 实验总结题**

（1）结合实验测量数据绘制出感性负载端电压和流过其电流的相量图，并计算出将该电路功率因数提高至 0.9 所需要并联的电容大小，写出计算过程。

（2）根据实验测量结果和观察到的现象，总结感性负载功率因数提高的一般方法以及提高功率因数的意义。

（3）课外调研电力系统谐波的危害，以及我国治理谐波的方法。

# 附录 A　实验台及电子测量仪器介绍

## A.1　电工电路实验台

### A.1.1　概述

　　SBL 型电工电路实验台是上海宝徕科技开发有限公司和本校电工电子实验中心电工电路实验室合作研制开发的一种高性能实验装置。实验台是由多个功能模板构成的框架结构，提供常用的交直流电源和交直流仪表。针对具体实验项目，只需将相应的模块组装在实验台架上即可，非常灵活方便，也易于扩展。

### A.1.2　模板介绍

　　完整电工电路实验台面板如图 A-1 所示。下面就对电工电路实验台上的常用功能模块进行简要介绍。

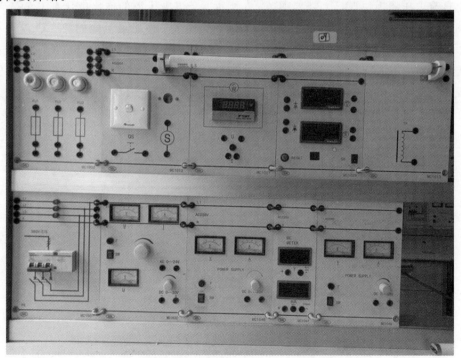

图 A-1　电工电子实验台面板

## 1. 电源总开关模块 MC1001

电源总开关模块 MC1001 如图 A‑2 所示,它是与工频 220 V 电压相连的模块。当断路器开关合上时,相线的指示灯亮,说明此时其已与 220 V 电压相连。模块上的 3 根相线 ($L_1$、$L_2$、$L_3$)和中线 N 及地线 PE 可为实验台上的供电模块提供 220 V 或 380 V 电压。

图 A‑2 电源总开关模块 MC1001

## 2. 交直流电压源模块 MC1032

交直流电压源模块 MC1032 如图 A‑3 所示。交流电压源的输出电压在 0～24 V 间连续可调,直流电压源的输出电压在 0～30 V 间连续可调。模块最上面的两个表盘表示其输出电压和电流大小,中间的大旋钮是调节电压大小的旋钮。在调节输出电压时应注意观察电流表的示数,若指针满偏,则说明电源短路,应立即关闭开关 SW。直流电压源左侧的表盘可观测直流电源的输出电压。F 为其保险丝,起保护作用。当直流电压源要输出较大电压时,交流电压源的输出电压也必须较大,否则无法提供所需直流电压。

图 A‑3 交直流电压源模块 MC1032

### 3. 直流电压源模块 MC1046

直流电压源模块 MC1046 如图 A-4 所示。模块的上下 3 根黑线、开关 SW、熔丝 F、电压引出端及调节输出电压大小的旋钮均与交直流电压源模块 MC1032 中相应部分的功能相同。同样，应随时观察电压源的输出电流大小，若电流表显示指针满偏，则应立即关闭电源开关 SW。

图 A-4　直流电源模块 MC1046

### 4. 直流电表模块 MC1047

直流电表模块 MC1047 如图 A-5 所示。模块上直流电压表和直流电流表的测量范围分别为 0～±20 V 和 0～±200 mA。测试时电压表与被测负载并联，电流表与被测负载串联，而且表的极性应与事先设定的参考方向或参考极性一致。

### 5. 三相熔断体模块 MC1002

三相熔断体模块 MC1002 如图 A-6 所示。三相熔断体模块 MC1002 上有 3 个 6 A 的熔断体，主要用于在强电实验中起保护作用。

图 A-5　直流电表模块 MC1047　　　　图 A-6　熔断体模块 MC1002

### 6. 单相交流荧光灯模块

单相交流荧光灯模块包含单相电源开关模块 MC1012、单相功率表模块 MC1027、交流电表模块MC1028、整流器模块 MC1013 等 4 个部分，如图 A-7 所示。这 4 个模块的上下 3 根黑线为电源线和地线，通过黑色或黄色短桥传递 220 V 电源电压。单相电源开关模块 MC1012 上有开关的引线孔眼，右边是启辉器的图形符号及其引线孔眼，右上角为荧光灯左侧灯丝的两个引线孔眼。单相功率表模块 MC1027 显示屏下方有 4 个测试孔眼，上面 U 两端的是电压线圈的测试孔眼，下面 I 两端的是电流线圈的测试孔眼，中间是电流线圈的保险管。当功率表测试电路的有功功率时，电压线圈和电流线圈应有一个公共端。

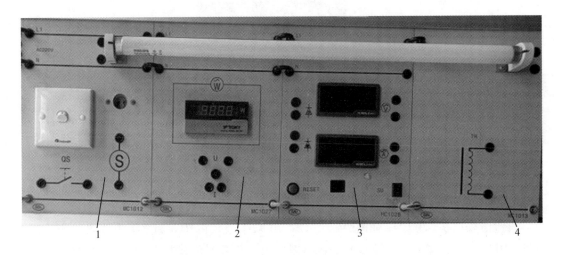

1—单相电源开关模块 MC1012；  2—单相功率表模块 MC1027；

3—交流电表模块 MC1028；  4—整流器模块 MC1013

图 A-7  单相交流荧光灯模块

交流电表模块 MC1028 上有交流电压表和电流表，在测试时，电压表应并联在被测负载两端，电流表应与被测负载串联。整流器模块 MC1013 上有一个荧光灯的整流器及其两个引线孔眼和荧光灯右侧灯丝的引线孔眼。

### 7. 电流插孔模块和电容模块

电流插孔模块 MC1023 和电容模块 MC1045 分别如图 A-8 和图 A-9 所示。电流插孔模块MC1023上有 8 个电流插孔，由于实验中有多处电流需要测量，而电流表只有一个，为了在不重新接线的情况下将所有电流都测出来，在每个需测试电流的支路上都串联一个电流插孔。当需测试该处电流时，只要将电流表的测试线头插入该电流插孔中间的两个空的插孔，拔出与这两个插孔并联的短桥，使电流表串接在被测支路上即可。电容模块 MC1045 上有 3 个 1 $\mu$F 和 3 个 2 $\mu$F 的电容，其耐压值均为 470 V。电容并联后变大，实验中通常将电容并联使用。

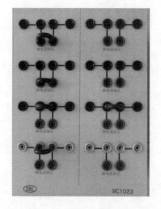

图 A-8　电流插孔模块 MC1023

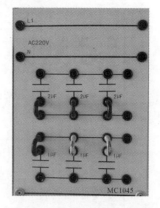

图 A-9　电容模块 MC1045

### 8. 九孔方板

九孔方板如图 A-10 所示。方板上有 24 个由 9 个孔构成的正方形，6 个由 6 个孔构成的长方形，每个正方形和长方形的孔间内部都是短接的，相当于电路中的一个节点，仅可以在不同的节点间跨接元器件。方板下方的两条由许多孔连成的黑线可作为实际电路中的电源线或地线的节点，但其并不与真实的电源或地相连。

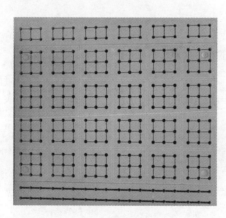

图 A-10　九孔方板

## A.2　CS-4125A 型示波器

### A.2.1　概述

CS-4125A 型示波器具有带宽 20 MHz、双通道、双踪、垂直轴方式触发、垂直轴高电压输入 800 V 峰值以及全新的波形自动锁定功能（FIX），其灵敏度高且精度较高。CS-4125A 型示波器的主要参数如表 A-1 所示。

表 A - 1　CS - 4125A 型双踪示波器的主要参数

| 类型/有效部分 | 150 mm，带内标尺/8×10 格(1 格代表 10 mm) |
|---|---|
| 灵敏度 | 1～2 mV，±5％；5 mV～5 V，±3％ |
| 衰减器 | 1－2－5 步，12 段，准确调整 |
| 操作模式 | 通道 1：单扫描；通道 2：单扫描<br>ALT：通道 1 及通道 2 输入信号的交替显示<br>CHOP：通道 1 及通道 2 输入信号的断续显示<br>ADD：通道 1 及通道 2 输入信号的合成显示 |
| 最大输入电压 | $V_{P-P}$＝800 V 或 400 V(DC＋AC 峰值) |
| 触发源 | VERT 模式：在垂直模式下选择输入信号<br>通道 1：通道 1 输入信号<br>通道 2：通道 2 输入信号<br>LINE：市电<br>EXT：外部触发输入信号 |

## A.2.2　操作面板说明

### 1. 前面板的说明

CS - 4125A 型示波器的前面板图如图 A - 11 所示。

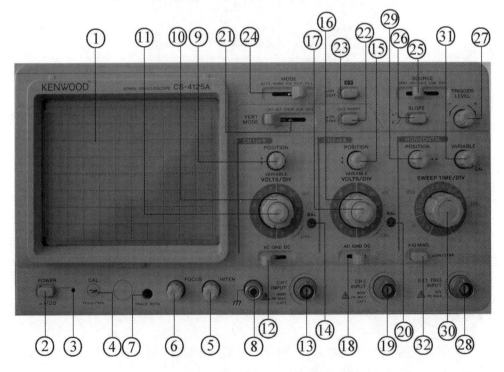

图 A - 11　CS - 4125A 型示波器的前面板图

前面板图中对应号码的各开关、旋钮等器件的名称和功能介绍如下：

① 阴极射线管显示屏：显示范围为垂直轴 8DIV(80 mm)，水平轴 10 DIV (100 mm)。为使显示信号刻度不会产生视差，采用了标示于屏幕内侧的刻度。

② 电源开关(POWER)：此开关按下( ▬ ON)开启电源，弹开(█ OFF)关闭电源。

③ 电源指示灯：电源开启时指示灯点亮。

④ 校准信号(CAL 端子)：校正用电压端子。当校准信号用于调整探针时，可得到 1 $V_{P-P}$ 正极性、1 kHz 的方波信号输出。

⑤ 亮度旋钮(INTEN)：调整显示亮度，顺时针旋转时亮度增加，反之亮度减弱直至消失。

⑥ 聚焦调整旋钮(FOCUS)：调整该旋钮可得到清晰的显示信号。

⑦ 轨迹旋转旋钮(TRACE ROTA)：可调整水平亮线的倾角。当水平亮线受地磁作用影响轻微倾斜时，可调整轨迹旋转旋钮将水平亮线调整至与中央的水平轴刻度平行。

⑧ GND 端子：接地端，与其他仪器间取得相同的接地时用。

⑨、⑮ 垂直移位旋钮( POSITION)：调整显示轨迹在屏幕中的垂直位置，在显示两个变量之间关系即($X$-$Y$)时对 $Y$ 轴位置进行调整。

⑩、⑯ 垂直灵敏度调节旋钮(VOLTS/DIV)：分别设定 CH1、CH2 的垂直灵敏度。将 VARIABLE 旋钮旋至 CAL 位置(顺时针旋到底)时，可得到校正的垂直轴灵敏度。

⑪、⑰ 垂直微调旋钮(VARIABLE)：分别为 CH1、CH2 垂直轴的衰减微调钮。可对 VOLTS/DIV 作连续调整。

⑫、⑱ 输入耦合方式选择开关(AC-GND-DC)：分别用以选择 CH1、CH2 垂直轴输入信号的耦合方式。AC：输入信号为交流电，其直流成分则被除去；GND：将垂直增幅器的输入端接地，可用以确认其接地电位。DC：输入信号包括直流成分，故可同时观测其直流成分。在 $X$-$Y$ 状态下则成为 $Y$ 轴、$X$ 轴的输入切换钮。

⑬、⑲ 通道1、通道2输入端(CH1、CH2 INPUT)：CH1 和 CH2 的垂直轴输入端。在 $X$-$Y$ 状态下时为 $Y$ 轴、$X$ 轴的输入端子。

⑭、⑳ 平衡电位器(BAL)：当 $Y$ 轴放大器输入级电路出现不平衡时，显示的亮线将随 VOLTS/DIV 转动而出现上下移动，调整平衡电位器可将位移调至最小。

㉑ 垂直方式工作开关(VERTICAL MODE)：可用以选择垂直轴的作用方式。CH1：显示 CH1 的输入信号；CH2：显示 CH2 的输入信号；ALT：交替显示 CH1 及 CH2 的输入信号；CHOP：断续显示 CH1 及 CH2 的输入信号；ADD：显示 CH1 和 CH2 输入信号的合成波形 (CH1+CH2)。在 CH2 设定为 INV 状态下(极性反相)时，显示 CH1 与 CH2 输入信号之差。

㉒ CH2 极性按钮(CH2 INV)：按下此按钮时，CH2 输入信号的极性反相。

㉓ $X$-$Y$ 控制按钮：按下此按钮，VERTICAL MODE 的设定变为无效，将 CH1 变为 $Y$ 轴、CH2 变为 $X$ 轴的 $X$-$Y$ 轴示波器。

㉔ 触发方式选择(MODE)：选择触发(TRIGGER)的方式。AUTO(自动)：由 TRIGGER 信号启动扫描，若无信号，则显示亮线；NORM(常态)：由 TRIGGER 信号启动扫描，与 AUTO 不同的是，若无信号，则不会显示亮线；FIX：将同步 Level 加以固定，此

时同步与㉗LEVEL 无关；TV‑FRAME：将复合映像信号的垂直同步脉冲分离出来与 TRIGGER 电路结合；TV‑LINE：将复合映像信号的水平同步脉冲分离出来与 TRIGGER 电路结合。

㉕ 触发源选择开关(SOURCE)：用以选择 TRIGGER 信号的来源。VERT MODE：TRIGGER信号源由 VERTICAL MODE 选择；CH1：TRIGGER 信号源为 CH1 的输入信号；CH2：TRIGGER 信号源为 CH2 的输入信号；LINE：TRIGGER 商用电源的电压波形；EXT：TRIGGER信号源为 EXT. TRIG 的信号。

㉖ 触发极性按钮(SLOPE )：选择触发扫描的信号极性。未按下此按钮(▇ ⌐)时，信号上升被触发；按下此按钮(▄ ⌐)时，信号下降时被触发。

㉗ 触发电平旋钮(LEVEL)：调整 TRIGGER LEVEL，用以设定在 TRIGGER 信号波形 SLOPE 的哪一点被触发而开始扫描。

㉘ 外触发输入端子(EXT. TRIG)：外部触发信号输入端。当将 SOURCE 设定于 EXT 时，此端即成为 TRIGGER 信号的输入端。

㉙ 水平移位旋钮(◀▶ POSITION)：用以调整所显示波形的水平位置。在 $X$‑$Y$ 状态下则成为 $X$ 轴的位置调整钮。

㉚ 扫描时间选择旋钮(SWEEP TIME/DIV)：用以切换扫描时间。可在 $0.2\ \mu s/\text{DIV}$ ～ $0.5\ s/\text{DIV}$ 之间调整，共有 20 种变化。当 VARIABLE 顺时针旋至 CAL 位置时成为校正指示值。

㉛ 扫描时间微调旋钮(VARIABLE)：用以微调扫描时间。在 SWEEP TIME/DIV 的各段间作连续变化，向右旋至 CAL 位置时，可得到被校正值。

㉜ 扫描扩展按钮(×10MAG)：若按下此按钮，则显示波形由屏幕中央向左右扩大 10 倍。

**2. 后面板的说明**

CS‑4125A 型示波器的后面板如图 A‑12 所示。

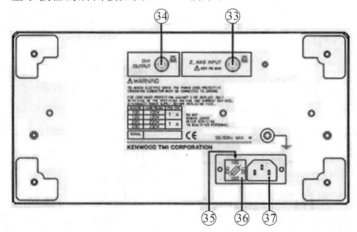

图 A‑12　CS‑4125A 型示波器后面板图

各对应号码的配件名称和功能如下：

㉝ Z 轴输入连接器(Z. AXIS INPUT)：外部亮度调变端。电压为正时其亮度减弱，为 TTL LEVEL 时亮度转变。

㉞ 通道 1 输出端(CH1 OUTPUT)：CH1 的垂直输出端，其输出为 AC，可连接计数以测定频率。

㉟ ▼(电源电压设定表示)：本机出厂时所设定的使用电压。此▼记号下所指示的值即为电源电压切换器预设值。

㊱ 熔丝座的电源电压切换器：应先将电源线移去，再将熔丝座的电源电压切换器转至使用电压位置。

㊲ 电源插座：作为连接 AC 电源线之用。

## A.2.3  基本操作方法

为使本机保持良好的使用状态，打开电源开关前先检查电源线及各相应的控制键。确认电源的电压无误后开启电源，此时电源指示灯点亮，$10 \sim 15$ s 后将显示亮线，调整 INTEN⑤使亮线亮度适中，调整 FOCUS⑥使亮线最清晰，调整 TRACE ROTA⑦使亮线与水平刻度保持平行。确认完后将其⑤号旋钮按逆时针方向旋至底，使亮线消失并进行预热。为使所测得数值正确，需要一定的预热时间。如果电源打开后暂不用示波器，将亮度旋钮逆时针方向旋转以减弱亮度。一般情况下，应将各微调旋钮顺时针旋到底至 CAL 位置。如旋转 VOLTS/DIV 时亮线上下移动，则应调整其平衡。

# A.3  DS1022C 数字示波器

## A.3.1  概述

DS1000 系列示波器是数字示波器，而 DS1022C 双波器是该系列示波器众多型号中的一种。该系列示波器包含下述 16 个型号的 DS1000 系列数字示波器。DS1022C 示波器实现了易用性、优异的技术指标及众多功能特性的完美结合，可帮助用户更快地完成工作任务。

DS1022C 示波器向用户提供简单而功能明晰的前面板，以进行所有的基本操作。各通道的标度和位置旋钮提供了直观的操作，完全符合传统仪器的使用习惯，用户不必花大量的时间去学习和熟悉示波器的操作即可熟练使用。为加速调整，便于测量，用户可直接按 AUTO 键进行自动测量，可立即获得适合的波形显现和挡位设置。

DS1022C 示波器还具有更快完成测量任务所需要的高性能指标和强大功能。通过 $400$ MSa/s 的实时采样和 $25$ GSa/s 的等效采样，用户可在该示波器上观察更快的信号。强大的触发和分析能力使其易于捕获和分析波形。清晰的液晶显示和数学运算功能，便于用户更快、更清晰地观察和分析信号问题。

## A.3.2  主要性能特点

DS1022C 数字示波器的主要性能特点如下：

（1）双模拟通道，每通道带宽 25M。

（2）高清晰彩色/单色液晶显示系统，320×234 分辨率。

（3）支持即插即用 USB 存储设备和打印机，并可通过 USB 存储设备进行软件升级。

（4）自动波形、状态设置（AUTO）。

（5）自动测量 20 种波形参数。

（6）自动光标跟踪测量功能。

（7）实用的数字滤波器，包含 LPF、HPF、BPF、BRF。

（8）多重波形数学运算功能。

（9）边沿、视频、斜率、脉宽、交替、码型和持续时间（混合信号示波器）触发功能。

（10）可变触发灵敏度，适应不同场合下特殊测量要求。

（11）多国语言菜单显示。

（12）弹出式菜单显示，用户操作更方便、直观。

（13）中英文帮助信息显示。

### A.3.3　前面板说明

DS1022C 示波器向用户提供简单而功能明晰的前面板，以进行基本的操作。面板上包括旋钮和功能按键。旋钮的功能与其他示波器上旋钮的功能类似。显示屏右侧的一列 5 个灰色按键为菜单操作键（自上而下定义为 1 号至 5 号）。通过它们，用户可以设置当前菜单的不同选项；其他按键为功能键，通过它们，用户可以进入不同的功能菜单或直接获得特定的功能应用。图 A－13 是 DS1002C 示波器前面板实物图。前面板的详细介绍可参看该公司的用户说明书和操作演示 PPT。

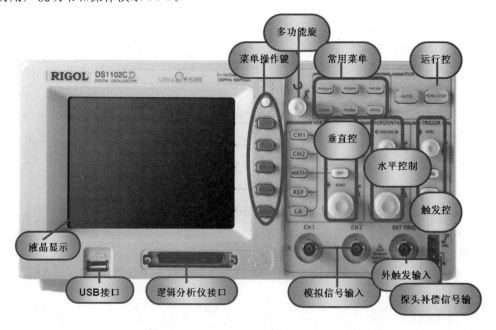

图 A－13　DS1002C 示波器前面板实物图

## A.3.4　使用实例

### 1. 测量简单信号

观测电路中一未知信号,迅速显示和测量信号的频率和峰-峰值。

欲迅速显示该信号,请按如下步骤操作:

(1) 将探头菜单衰减系数设定为 $10\times$ ,并将探头上的开关设定为 $10\times$ 。

(2) 将通道 1 的探头连接到电路被测点。

(3) 按下(自动设置)按钮 $\boxed{\textbf{AUTO}}$ 。

示波器将自动设置使波形显示达到最佳。在此基础上,用户可以进一步调节垂直、水平挡位,直至波形的显示符合要求。

### 2. 进行自动测量

示波器可对大多数显示信号进行自动测量。欲测量信号频率和峰-峰值,请按如下步骤操作,显示界面说明如图 A-14 所示。

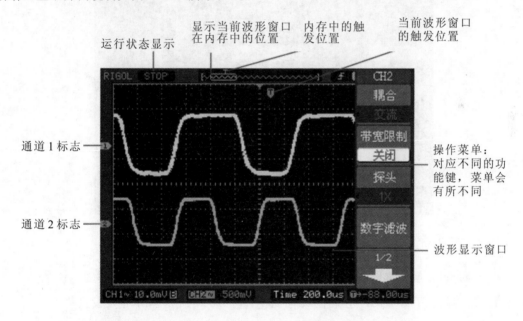

图 A-14　显示界面说明图

1) 测量峰-峰值

(1) 按下 MEASURE 按钮以显示自动测量菜单。

(2) 按下 1 号菜单操作键以选择信源的 CH1 通道。

(3) 按下 2 号菜单操作键选择测量类型:电压测量。

(4) 在电压测量弹出菜单中选择测量参数:峰-峰值。

(5) 此时用户可以在屏幕左下角发现峰-峰值的显示。

2）测量信号频率

（1）按下 3 号菜单操作键选择测量类型：时间测量。

（2）在时间测量弹出菜单中选择测量参数：频率。

（3）此时用户可以在屏幕下方发现频率的显示。

注意：测量结果在屏幕上的显示会因为被测信号的变化而改变。

**3. 减少信号上的随机噪声**

如果被测试的信号上叠加了随机噪声，可以通过调整示波器的设置来滤除或减小噪声，避免其在测量中对被测信号的干扰。叠加随机噪声的方波波形如图 A-15 所示，操作步骤如下：

（1）如前例设置探头和 CH1 通道的衰减系数。

（2）连接信号使波形在示波器上稳定地显示。

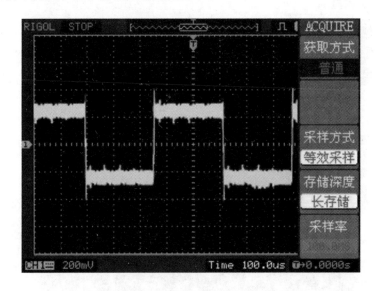

图 A-15　叠加随机噪声的方波信号

（3）通过设置触发耦合改善触发。

① 按下触发（TRIGGER）控制区域的 MENU 菜单按钮，显示触发设置菜单。

② 触发设置 →耦合选择低频抑制或高频抑制。

低频抑制指设定一高通滤波器，可滤除 8 kHz 以下的低频信号分量，允许高频信号分量通过。高频抑制指设定一低通滤波器，可滤除 150 kHz 以上的高频信号分量，允许低频信号分量通过。通过设置低频抑制或高频抑制，可以分别抑制低频或高频噪声，以得到稳定的触发。

（4）通过设置采样方式减少显示噪声。

如果被测信号上叠加了随机噪声，导致波形过粗，那么可以应用平均采样方式去除随机噪声的显示，使波形变细，便于观察和测量。取平均值后，随机噪声被减小而信号的细节更易观察。具体的操作是：按下面板的 ACQUIRE 按钮，显示采样设置菜单。按 1 号菜单操作键设置获取方式为平均状态，然后按 2 号菜单操作键调整平均次数，依次由 2 至 256 以 2 倍数步进，直至波形的显示满足观察和测试要求，如图 A-16 所示。

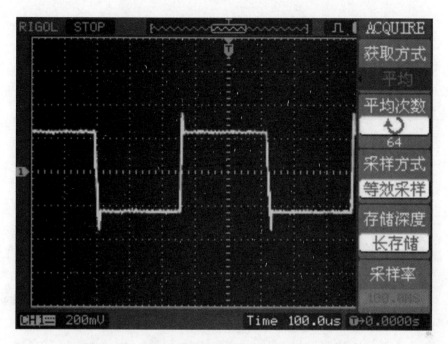

图 A-16　通过平均采样方式减少随机噪声的方波信号

**4. $X$-$Y$ 功能的应用：测试信号经过一电路网络产生的相位变化**

将示波器与电路连接，监测电路的输入输出信号。欲以 $X$-$Y$ 坐标图的形式查看电路的输入输出，按如下步骤操作：

（1）将探头菜单衰减系数设定为 $10\times$，并将探头上的开关设定为 $10\times$。

（2）将通道 1 的探头连接至网络的输入端，将通道 2 的探头连接至网络的输出端。

（3）若通道未被显示，则按下 CH1 和 CH2 通道的菜单按钮。

（4）按下（自动设置）按钮 AUTO 。

（5）调整垂直移位旋钮 ♦ POSITION 使两路信号显示的幅值大约相等。

（6）按下水平控制区域的 MENU 菜单按钮以调出水平控制菜单。

（7）按下时基菜单框按钮以选择 $X$-$Y$。示波器将以李沙育（Lissajous）图形模式显示网络的输入输出特征。

（8）调整垂直移位旋钮 ♦ POSITION 和水平移位旋钮 ◆▶ POSITION，使波形达到最佳效果。

（9）应用椭圆示波图形法观测并计算出相位差，该方法在前面章节已详细介绍。

# A.4 SP1631A 型函数信号发生器

## A.4.1 概述

SP1631A 型函数信号发生器/计数器是一种精密的测试仪器，具有连续信号、扫频信号、函数信号、脉冲信号、10 W 功率输出等多种输出信号和外部测频功能。仪器采用大规模集成电路，具有输出保护功能。

## A.4.2 主要技术参数

SP1631A 型函数信号发生器的主要技术参数如下所述。

(1) 输出频率：0.3 Hz～3 MHz，按十进制分共七挡，每挡均以频率微调旋钮实行频率调节。

(2) 输出波形：① 函数输出：正弦波、三角波、方波（对称或非对称）；② TTL 同步输出：方波。

(3) 功率输出：① 频率：0.3 Hz～200 kHz，200 kHz 以上则自动关断；② 功率：输出功率 10 W（方波前沿：$<1\ \mu s$）。

(4) 输出幅度：① 功率输出 $20V_{P\text{-}P}$ 空载，连续可调。② 函数输出不衰减 $1\ V_{P\text{-}P}$～$20\ V_{P\text{-}P}$；衰减 20 dB，$0.1\ V_{P\text{-}P}$～$2\ V_{P\text{-}P}$；衰减 40 dB，$10\ V_{P\text{-}P}$～$200m\ V_{P\text{-}P}$；衰减 60 dB：$1\ V_{P\text{-}P}$～$20m\ V_{P\text{-}P}$，均 10% 连续可调。③ TTL 同步输出"0"电平：$\leqslant 0.8$ V，"1"电平：$\geqslant 1.8$ V（负载电阻$\geqslant 600\ \Omega$）。

(5) 输出阻抗：① 函数输出：50 Ω；② TTL 同步输出：600 Ω。

(6) 幅度显示：显示位数三位（小数点自动定位）；显示单位为 $V_{P\text{-}P}$ 或 m $V_{P\text{-}P}$。

(7) 频率显示：显示范围为 0.3 Hz～3000 kHz；显示位数七位。

(8) 频率计测频范围：1 Hz～10 MHz。

(9) 输入电压范围（衰减度为 0 dB）：50 mV～2 V（10 Hz～10 MHz）；100 mV～2 V（1～10 Hz）。

## A.4.3 操作面板说明

### 1. 前面板说明

SP1631A 型函数信号发生器的前面板图如图 A-17 所示。对应号码的开关和旋钮的功能介绍如下：

① 频率显示窗口：显示输出信号的频率或外部测频信号的频率。

② 幅度显示窗口：显示函数输出信号的幅度。

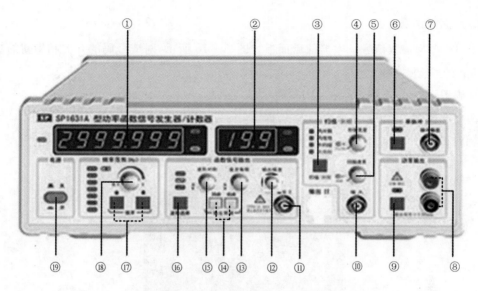

图 A - 17　SP1631A 型函数信号发生器的前面板图

③ 扫描/测频旋钮：调节此旋钮可在内对数、内线性、外扫描、外测频间转换。

④ 扫频宽度旋钮：调节此旋钮可以改变扫频宽度。

⑤ 扫频速率旋钮：调节此旋钮打开可以改变扫频速率。

⑥ 单脉冲输出控制按钮：按下此按钮，灯亮表示有单脉冲输出。

⑦ 单脉冲信号输出端：信号从此处输出。

⑧ 功率函数输出端：红色为正极，黑色为负极。该设计使本机具有较大的输出功率。

⑨ 功率函数输出控制键：按下此按钮"ON"灯亮，⑧号功率函数输出端有输出。

⑩ 外扫描/测频信号输入端：外部要扫描和测频的信号从此处输入该仪器。

⑪ 函数信号输出端：输出多种受控的函数信号，输出幅度 $20\ V_{P-P}$（$1\ M\Omega$ 负载），$10\ V_{P-P}$（$50\ \Omega$ 负载）。

⑫ 函数信号输出幅度调节旋钮：调节范围 $1\ V_{P-P} \sim 20\ V_{P-P}$。

⑬ 函数输出信号直流电平偏移调节旋钮：调节范围为 $-5 \sim +5\ V$（$50\ \Omega$ 负载），当电位器处在关位置时为 0 电平。

⑭ 函数信号输出幅度衰减按键：开机"0 dB"灯亮，输出信号不经衰减。按此键可选择输出信号分别衰减"20 dB""40 dB""60 dB"。

⑮ 输出波形对称调节旋钮：调节此旋钮可改变输出信号的对称性。当输出波形对称调节旋钮处在关位置时，输出对称信号。

⑯ 函数输出波形选择按钮：可选择正弦波、三角波、方波输出。

⑰ 倍率选择按钮：每按一下此按钮可改变输出频率的一个频段，左边旋钮使频率递减，右边旋钮使频率递增。

⑱ 频率微调旋钮：调节此旋钮可微调输出信号频率，调节基数范围为 $0.3 \sim 3$。

⑲ 整机电源开关：此按键按下，机内电源接通，整机工作。此键释放则关掉整机电源。

**2. 后面板说明**

SP1631A 型函数信号发生器的后面板如图 A - 18 所示,对应号码的开关和旋钮的功能介绍如下:

　① 内置＋24 V 电路熔丝座:内置熔丝(1.5 A)。

　② 电源插座:交流市电 220 V 输入插座,内置熔丝(1 A)。

　③ 内置－24 V 电路熔丝:内置熔丝(1.5 A)。

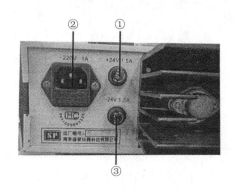

图 A - 18　SP1631A 型函数信号发生器的后面板图

## A.4.4　使用注意事项

　(1) 虽然电路中设计时采取了防短路措施,但使用时也应尽量避免输出端短路。

　(2) 当调节函数输出电压幅度时,一般要使幅度小于等于 $20V_{P-P}$,太大会造成输出波形失真。

　(3) 需用较小的数作为输出电压幅度时,先调函数信号输出幅度衰减按键到合适挡位,再调函数信号输出幅度调节旋钮。

　(4) 调节函数信号发生器的频率时,先按下倍率选择按钮⑰,再调频率微调旋钮⑱。

## A.4.5　操作使用范例

　例:输出一频率为 50 Hz、峰-峰值为 20 mV 的正弦波。

　(1) 波形选择,打开电源后,按下⑯号按钮,使第一个(从上往下)正弦波的灯亮。

　(2) 频率调节,先调整倍率选择按钮⑰,使其左边的"100 指示灯"亮,然后调节频率微调旋钮⑱,使频率显示窗口①显示 50.000,窗口右边的"Hz"灯亮。

　(3) 输出幅度调节,调整函数信号输出幅度衰减按键⑭,使"20 dB"灯和"40 dB"灯亮(衰减 1000 倍)。调节函数信号输出幅度调节旋钮⑫,使窗口②显示 20,窗口右边的"m $V_{P-P}$"灯亮。该步骤和步骤(2)可互相交换。

　(4) 将旋钮⑬、⑮以及④、⑤均逆时针旋到底,即关位置(以"咔嗒"声响为准)。扫描/测频旋钮③上方的 4 个灯全暗。

　(5) 将同轴电缆线接入外扫描/测频信号输入端⑩。

# A.5 GD1032Z 型任意波形发生器

## A.5.1 概述

DG1032Z 型任意波形发生器是一款集函数发生器、任意波形发生器、噪声发生器、脉冲发生器等于一身的多功能信号发生器,其具有多功能、高性能、高性价比、便携式等特点。下面对其作简单介绍,详细说明可参见该仪器的用户手册等资料。

DG1033Z 型任意波形发生器的主要技术特色如下所述:

(1) 最高输出频率(正弦波):30 MHz;

(2) 独创的 SiFi(Signal Fidelity):逐点生成任意波形,不失真还原信号,采样率精确可调,所有输出波形(包括:方波、脉冲等)抖动低至 200 ps;

(3) 每通道任意波存储深度:2M 点(标配)、8M 点(标配)、16M 点(选配);

(4) 标配等性能双通道,相当于两个独立信号源;

(5) ±1ppm 高频率稳定度,相噪低至 −125 dBc/Hz;

(6) 内置 8 次谐波发生器;

(7) 内置 7digits/s,200 MHz 带宽的全功能频率计;

(8) 多达 160 种内建任意波形,囊括了工程应用、医疗电子、汽车电子、数学处理等各个领域的常用信号;

(9) 最大采样率:200 MSa/s;垂直分辨率:14 bit;

(10) 标配强大的任意波形编辑功能,也可通过上位机软件生成任意波形;

(11) 丰富的调制功能:AM、FM、PM、ASK、FSK、PSK 和 PWM;

(12) 标配波形叠加功能,可以在基本波形的基础上叠加指定波形后输出;

(13) 标配通道跟踪功能,跟踪打开时,双通道所有参数均可同时根据用户的配置更新;

(14) 标准配置接口:USB Host、USB Device、LAN(LXI Core 2011 Device);

(15) 英寸(320×240 像素)彩色显示屏;

(16) 便携式设计,重量仅 3.5 kg。

## A.5.2 前面板

DG1032Z 型任意波形发生器的前面板如图 A–19 所示。各部分的说明如下:

(1) 电源键:用于开启或关闭信号发生器。

(2) USB Host:支持 FAT32 格式 Flash 型 U 盘、RIGOL TMC 数字示波器、功率放大器和 USB–GPIB 模块。

(3) 菜单翻页键:打开当前菜单的下一页或返回第一页。

(4) 返回上一级菜单:退出当前菜单,并返回上一级菜单。

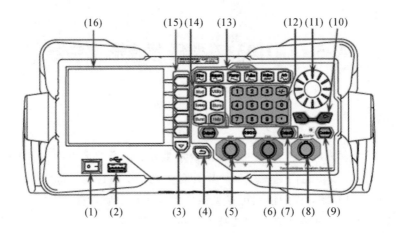

图 A-19　前面板

（5）CH1 输出连接器：BNC 连接器，标称输出阻抗为 50 Ω。当 Output1 打开时（背灯变亮），该连接器以 CH1 当前配置输出波形。

（6）CH2 输出连接器：BNC 连接器，标称输出阻抗为 50 Ω。当 Output2 打开时（背灯变亮），该连接器以 CH2 当前配置输出波形。

（7）通道控制区。

（8）Counter 测量信号输入连接器。

（9）频率计：用于开启或关闭频率计功能。按下该按键，背灯变亮，左侧指示灯闪烁，频率计功能开启。再次按下该键，背灯熄灭，此时，关闭频率计功能。

注意：当 Counter 打开时，CH2 的同步信号被关闭；关闭 Counter 后，CH2 的同步信号恢复。

（10）方向键。使用旋钮设置参数时，用于移动光标以选择需要编辑的位；使用键盘输入参数时，用于删除光标左边的数字；存储或读取文件时，用于展开或收起当前选中目录；文件名编辑时，用于移动光标选择文件名输入区中指定的字符。

（11）旋钮。使用旋钮设置参数时，用于增大（顺时针）或减小（逆时针）当前光标处的数值；存储或读取文件时，用于选择文件保存的位置或用于选择需要读取的文件；文件名编辑时，用于选择虚拟键盘中的字符。

（12）数字键盘：包括数字键（0 至 9）、小数点（.）和符号键（＋/－），用于设置参数。

（13）波形键。

（14）功能键。

（15）菜单软键：与其左侧显示的菜单一一对应，按下该软键激活相应的菜单。

（16）LCD 显示屏：3.5 英寸 TFT（320×240）彩色液晶显示屏，显示当前功能的菜单和参数设置、系统状态以及提示消息等内容，详细信息请参考"用户界面"一节。

## A.5.3　后面板

DG1032Z 型任意函数信号发生器的后面板如图 A-20 所示。各部分的说明如下：

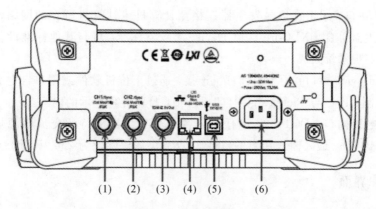

图 A‑20 后面板

（1）CH1 同步/外调制/触发连接器（CH1 Sync/Ext Mod/Trig/FSK）：BNC 母头连接器，标称阻抗为 50 Ω，其功能由 CH1 当前的工作模式决定。

① Sync。打开 CH1 的输出时，该连接器输出与 CH1 当前配置相匹配的同步信号。有关各种输出信号对应的同步信号特点，请参考"同步设置"一节的说明。

② Ext Mod。若 CH1 开启 AM、FM、PM 或 PWM 并且使用外部调制源，则该连接器接收一个来自外部的调制信号。输入阻抗为 1000 Ω。详细介绍请参考"调制"一节。

③ FSK。若 CH1 开启 ASK、FSK 或 PSK 并且使用外部调制源，则该连接器接收一个来自外部的调制信号（可设置该信号的极性）。输入阻抗为 1000 Ω。详细介绍请参考"调制"一节。

④ Trig In。若 CH1 开启 Sweep 或 Burst 功能并且使用外部触发源，则该连接器接收一个来自外部的触发信号（可设置该信号的极性）。

⑤ Trig Out。若 CH1 开启 Sweep 或 Burst 功能并且使用内部或手动触发源，则该连接器输出具有指定边沿的触发信号。

（2）CH2 同步/外调制/触发连接器（CH2 Sync/Ext Mod/Trig/FSK）：BNC 母头连接器，标称阻抗为 50 Ω，其功能由 CH2 当前的工作模式决定。

① Sync。打开 CH2 的输出时，该连接器输出与 CH2 当前配置相匹配的同步信号。有关各种输出信号对应的同步信号特点，请参考"同步设置"一节的说明。

② Ext Mod。若 CH2 开启 AM、FM、PM 或 PWM 且使用外部调制源，则该连接器接收一个来自外部的调制信号。输入阻抗为 1000 Ω。详细介绍请参考"调制"一节。

③ FSK。若 CH2 开启 ASK、FSK 或 PSK 且使用外部调制源，则该连接器接收一个来自外部的调制信号（可设置该信号的极性）。输入阻抗为 1000 Ω。详细介绍请参考"调制"一节。

④ Trig In。若 CH2 开启 Sweep 或 Burst 功能且使用外部触发源，则该连接器接收一个来自外部的触发信号（可设置该信号的极性）。

⑤ Trig Out。若 CH2 开启 Sweep 或 Burst 功能且使用内部或手动触发源，则该连接器输出具有指定边沿的触发信号。

（3）10 MHz 输入/输出连接器（10 MHz In/Out）：BNC 母头连接器，标称阻抗为 50 Ω，其功能由仪器使用的时钟类型决定。若仪器使用内部时钟源，则该连接器（用作 10 MHz Out）可输出由仪器内部晶振产生的 10 MHz 时钟信号；若仪器使用外部时钟源，则该连接器（用作 10 MHz In）接收一个来自外部的 10 MHz 时钟信号。

（4）LAN 接口：用于将信号发生器连接至计算机或计算机所在的网络，进行远程控制。本信号发生器符合 LXI Core 2011 Device 类仪器标准，可与其他标准设备快速搭建测试系统，轻松实现系统集成。

（5）USB Device 接口：用于与计算机连接，通过上位机软件或用户自定义编程对信号发生器进行控制。还可与 PictBridge 打印机连接，打印屏幕显示的内容。

（6）AC 电源插口。DG1032Z 型任意函数信号发生器支持的交流电源规格为 100～240 V，45～440 Hz，最大输入功率不超过 30 W。电源保险丝为 250 V，T3.15 A。

### A.5.4 用户界面

DG1032Z 型任意函数信号发生器的用户界面包括三种显示模式，即双通道参数（默认）显示模式、双通道图形显示模式和单通道显示模式。此处以双通道参数显示模式为例介绍仪器的用户界面，如图 A-21 所示。各部分的说明如下：

1：通道输出配置状态栏：显示各通道当前的输出配置。

2：当前功能及翻页提示：显示当前已选中功能的名称。例如："Sine"表示当前选中正弦波功能，"Edit"表示当前选中任意波编辑功能。此外，功能名称右侧的上、下箭头用来提示当前是否可执行翻页操作。

3：菜单：显示当前已选中功能对应的操作菜单。

4：状态栏：

 ：仪器正确连接至局域网时显示。

 ：仪器工作于远程模式时显示。

 ：仪器前面板被锁定时显示。

 ：仪器检测到 U 盘时显示。

PA：仪器与功率放大器正确连接时显示。

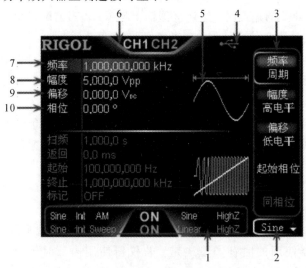

图 A-21　用户界面（双通道参数显示模式）

5：波形：显示各通道当前选择的波形。

6：通道状态栏：指示当前通道的选中状态和开关状态。选中 CH1 时，状态栏边框显示黄色；选中 CH2 时，状态栏边框显示蓝色；打开 CH1 时，状态栏中"CH1"以黄色高亮显示；打开 CH2 时，状态栏中"CH2"以蓝色高亮显示。

7：频率：显示各通道当前波形的频率。按相应的频率/周期使"频率"突出显示，通过数字键盘或方向键和旋钮改变该参数。

8：幅度：显示各通道当前波形的幅度。按相应的幅度/高电平使"幅度"突出显示，通过数字键盘或方向键和旋钮改变该参数。

9：偏移：显示各通道当前波形的直流偏移。按相应的偏移/低电平使"偏移"突出显示，通过数字键盘或方向键和旋钮改变该参数。

10：相位：显示各通道当前波形的相位。选择相应的起始相位菜单后，通过数字键盘或方向键和旋钮改变该参数。

## A.6　UT803 数字台式多用表

### A.6.1　概述

UT803 数字台式多用表是优利德公司生产的 5999 计数的 3 5/6 数位、自动量程真有效值数字台式多用表。该多用表具有全功能显示、全量程过载保护和独特的外观设计，是一款性能较为优越的多用途测量仪表，可用于测量直流电压和直流电流、真有效值交流电压和交流电流、电阻、二极管、电路通断、电容、频率、温度（℃）、hFE、最大/最小值等参数，并具备 RS232C、USB 标准接口，数据保持、欠压显示、背光和自动关机等功能。

### A.6.2　技术指标

UT803 数字台式多用表的技术指标见表 A-2。

表 A-2　UT803 数字台式多用表技术指标

| 基本功能 | 量　　程 | 精度（±α％读数＋字数） |
|---|---|---|
| 直流电压 | 600mV/6V/60V/600V/1000V | ±0.3％+1 |
| 交流电压 | 600mV/6V/60V/600V/1000V | ±0.5％+2 |
| 直流电流 | 600mA/6mA/60mA/600mA/10A | ±0.5％+1 |
| 交流电流 | 600mA/6mA/60mA/600mA/10A | ±0.8％+2 |
| 电阻 | 600Ω/6kΩ/60kΩ/600kΩ/6MΩ/60MΩ | ±0.5％+1 |
| 电容 | 6nF/60nF/600nF/6μF/60μF/600μF/6mF | ±2％+5 |

续表

| 基本功能 | 量　　程 | 精度（±α％读数＋字数） |
|---|---|---|
| 摄氏温度 | −40℃～1000℃ | ±1％+3 |
| 华氏温度 | −40 ℉～1832 ℉ | ±1％+3 |
| 频率 | 10 Hz～60 MHz | ±0.1％+3 |
| 10A 保险丝 | | √ |
| 自动量程 | | √ |
| 电压与电流：AC+DC | | √ |
| 交流电压频宽 | 100 kHz RMS | |
| 二极管测试 | | 分辨率 0.001 V |
| 三极管测试 | | 分辨率 1β |
| 通断蜂鸣 | | 分辨率 1Ω |
| 最大/最小/平均值 | | √ |
| 数据保持 | | √ |
| RS232C 接口 | | √ |
| USB 接口 | | √ |
| 全符号显示 | | √ |
| 睡眠模式 | | √ |
| 直流电压测量 | | √ |
| 输入阻抗 | 600 mV 量程：3G Ω　其余量程 10 MΩ | |
| 最大显示 | 5999 | |

说明：（1）不同量程时，精度不同，此处数据为基本精度。

（2）分辨率等指标是在一定测试条件下的指标。

（3）具体精度等指标和数据可参见该公司 UT803 的使用说明书。

### A.6.3　面板和显示器

图 A-22 是 UT803 数字台式多用表的实物图，图 A-23 是其对应的面板示意图，在该图中各指示部分含义为：

1：LCD 显示窗；

2：功能量程选择旋钮；

图 A-22　UT803 数字台式多用表的实物图

3：输入端口；

4：按键组。

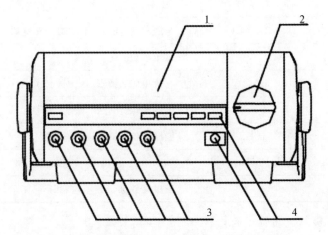

图 A‑23　UT803 数字台式多用表对应的面板示意图

图 A‑24 是 UT803 数字台式多用表的液晶显示器，各个指示部分的含义是：

1：True RMS 真有效值提示符；

2：**HOLD** 数据保持提示符；

3：具备自动关机功能提示符；

4：显示负的读数；

5：AC 交流测量提示符；

6：DC 直流测量提示符；

7：AC＋DC 交流＋直流测量提示符；

8：OL 超量程提示符；

9：单位提示符，其含义如表 A‑3 所示。

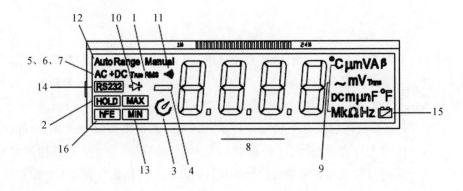

图 A‑24　UI803 数字台式多用表的液晶显示器

表 A - 3　单位提示符其及含义

| 单位提示符 | 含　义 |
|---|---|
| Ω、kΩ、MΩ | 电阻单位：欧姆 千欧姆　兆欧姆 |
| mV、V | 电压单位：毫伏、伏 |
| μA、mA、A | 电流单位：微安、毫安、安培 |
| nF、μF、mF | 电容单位：纳法、微法、毫法 |
| ℃、℉ | 温度单位：摄氏度、华氏度 |
| kHz、MHz | 频率单位：千赫兹、兆赫兹 |
| β | 三极管放大倍数单位：倍 |

10：二极管测量提示符；

11：电路通断测量提示符；

12：Auto Range、Manual 自动或手动量程提示符；

13：MAX　MIN 最大或最小值提示符；

14：RS232 RS232 接口输出提示符；

15：电池欠压提示符；

16：hFE 三极管放大倍数测量提示符。

# A.7　AS2173 系列交流毫伏表

## A.7.1　概述

AS2173D/AS2173E 交流毫伏表由微型计算机控制、集成电路及晶体管组成的高稳定度的放大器电路等组成，是数值显示指针式电表。它的挡级采用数码开关调节，发光管显示，手感轻盈，可十分清晰、方便地进行交流电压的测量操作。

AS2173 系列交流毫伏表具有测量电压频率范围宽、测量电压灵敏度高、本机噪声低（典型值为 7 μV）、测量误差小（征集工作误差≤3% 典型值）等优点，并具有相当好的线性度。为了防止开关机时打表和在运输途中损坏指针，该系列内部装有表头指针保护电路。

AS2173D/AS2173E 交流毫伏表具有外形美观、操作方便、开关手感好、内部电路先进、结构合理、测量精度高、可靠性高等特点。

AS2173D 交流毫伏表的电压测量量程为手动控制，AS2173E 交流毫伏表的电压测量量程控制可采用手动或自动两种方式。

## A.7.2　工作特性

AS2173 系列交流毫伏表的工作特性如下：

(1) 测量电压范围：30 $\mu$V～300 V，分 13 挡级。

(2) 测量电压频率范围：5 Hz～2 MHz。

(3) 测量电平范围：－90～＋50 dBV，－90～＋52 dBm。

(4) 固有误差(在基准工作条件下，均相对于 1 kHz 时)。

① 电压测量误差：±3％(满度值)；

② 频率影响误差：±3％；(20 Hz～20 kHz)；±5％(5 Hz～1 MHz)；±7％(5 Hz～2 MHz)。

(5) 工作误差。

① 电压测量误差：±5％(满度值)；

② 频率影响误差：±3％(20 Hz～20 kHz)；±5％(5 Hz～1 MHz)；±7％(5 Hz～2 MHz)。

(6) 噪声电压在输入端良好短路时≤10 $\mu$V。

(7) 输入特性(均不包括双夹线电容)。

输入阻抗：在 1 kHz 时约 2 M$\Omega$；

输入电容：300 $\mu$V～100 mV/1 mV ～300 V 挡≤50 pF；300 mV～100 V/1～300 V 挡≤30 pF

(8) 输出特性。

① 开路输出电压为 100 mV(输出电压满度值时)；

② 输出阻抗约 600 $\Omega$；

③ 失真≤5％。

(9) 正常工作条件。

① 环境温度：0℃～＋40℃；

② 相对湿度：40％～80％；

③ 大气压力：86～106 kPa；

④ 电源电压：～220 V±22 V，50 Hz±2 Hz；

⑤ 电源功率：7 V·A。

(10) 外形尺寸($l×b×h$) mm：144×260×200(立式)。

(11) 重量：约 2.5 kg。

## A.7.3　使用方法

### 1. 开机之前准备工作及注意事项

(1) 测量仪器的放置以水平放置为宜(即表面垂直放置)。

(2) 接通电源前，先观察指针机械零位，如果未在零位上，则左右拨动小孔调到零位。

（3）开机 3 秒后，量程置于最高挡级 300 V。

（4）测量 30 V 以上的电压时，需注意安全。

（5）所测交流电压中直流分量不得大于 100 V。

（6）量程转换时，由于电容的放电过程，AS2173D 交流毫伏表的指针有晃动，待指针稳定后读取数值。

（7）AS2173E 交流毫伏表自动切换量程挡时，由于电容器充放电有一时间常数，因此在换挡的临界处，指针有晃动，建议手动切换。

**2. 面板**

面板实物图如图 A-25 所示，图中各指示部分含义如下：

1：输入量程旋钮；

2：输入插座；

3：电源开关；

4：信号输出插座；

5：电源 220 V 输入插座；

6：手动/自动量程切换开关（AS2173E 交流毫伏表）。

图 A-25　面板实物图

**3. 其他使用说明**

AS2173D/AS2173E 交流毫伏表具有输出功能，因此可作为独立的放大器使用。

当 300 $\mu$V 量程输入时，输出端具有 316 倍的放大（即 50 dB）。

当 1 mV 量程输入时，输出端具有 100 倍的放大（即 40 dB）。

当 3 mV 量程输入时，输出端具有 31.6 倍的放大（即 30 dB）。

当 10 mV 量程输入时，输出端具有 10 倍的放大（即 20 dB）。

当 30 mV 量程输入时，输出端具有 3.16 倍的放大（即 10 dB）。

说明：在实验中另有的 WY2174A 交流毫伏表的功能、面板及操作方法与 AS2173 系列毫伏表的类似，不再赘述。

# 附录 B 仿真软件 Multisim 12.0 简介

20 世纪 80 年代，加拿大 Interactive Image Technologies 公司推出电子仿真软件EWB 5.0 (Electronics Workbench)。21 世纪初，在保留原版本优点的基础上，该公司增加了更多功能和内容，将 EWB 更新换代为 Multisim。2005 年 1 月推出的最新电子仿真软件 Multisim 8.0 比早前推出的 EWB 5.0 及 Multisim 2001 版本具有更加强大的仿真分析功能。目前，已经有了 Mulitisim 12.0 及以上版本，但很多新版本的界面是英文的，为了操作方便，此处对中文版本的 Mulitisim 12.0 作简要介绍，英文版本操作的菜单和界面是类似的。

启动 Multisim 12.0 进入系统界面后，就可以发现进入了一个类似仪表齐全、元器件丰富、功能强大的虚拟实验室。在这里既能用软件提供多种仿真分析，也能用常规的实验仪器对各种电路进行测试，还可以进一步将得到的实验数据、测试结果、曲线打印输出，整个过程直观、方便。

本书以 Multisim 12.0 为例介绍其应用开发环境，主要包括启动界面及操作窗口、菜单栏、元器件库及仿真功能及虚拟仪表的使用等内容。

**1. Multisim 12.0 的启动界面及操作窗口**

在 Multisim 12.0 成功安装后，单击"开始"→"所有程序"→"National Instruments"→"Circuit Design Suite 12.0"，或直接双击 Multisim 12.0 的快捷图标，会出现 Multisim 12.0 的启动界面，如图 B-1 所示。

图 B-1　Multisim 12.0 启动界面

随后即进入操作窗口，如图 B-2 所示。启动软件后，系统将自动建立一个名为"Design1"的空白电路文件。也可以点击菜单 File/save，输入新的文件名，即可保存新文件名，电路仿真、分析和设计就从这里开始。图中有网格及标尺的白色区域是电路工作区，在电路工作区中可放置各种元器件和多种虚拟仪器仪表，并可根据要求将其搭接成所需的实验电路。电路工作区的左侧和下方各有一个窗口，其中，左侧窗口为 Design Toolbox，意为设计工具箱，用于对设计文件进行创建、打开和保存等管理；下方窗口为 Spreadsheet View，意为电子数据表格视图，用于显示当前电路中所有器件及仪表的信息。

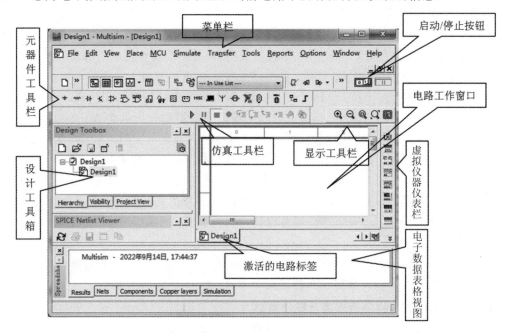

图 B-2　Multisim 12.0 操作窗口

在电路工作区的上方主要是菜单栏和工具栏。菜单栏中有针对电路文件操作、电路图编辑、窗口显示、元器件放置、虚拟仪器设置、仿真设置、仿真分析设置、输出结果转换等命令。工具栏提供了这些命令中最常用的系统命令和电路仿真、分析命令的快捷按钮，通过鼠标可方便地对实验电路进行各项操作。

工具栏主要包括元器件工具栏、仿真工具栏和显示工具栏。元器件工具栏在电路工作区的左上角，该工具栏中提供了各种类型的元器件，用鼠标单击元器件工具栏的相应快捷按钮并设置元器件参数，可将所需元器件放置在电路工作区中。电路工作区的右侧是虚拟仪器仪表栏，该栏提供了各种虚拟仪器仪表，单击该栏中某种仪器仪表的图标按钮，可将该仪表放置在电路工作区中。

**2. Multisim 12.0 的菜单栏**

图 B-3 所示的菜单栏包括了该仿真软件 Multisim 12.0 的所有操作命令，共有 12 项内容。由图可见菜单内容依次为 File(文件)、Edit(编辑)、View(窗口)、Place(放置)、MCU(微控制器，该项在 Multisim 8.0 及之前版本中没有)、Simulate(仿真)、Transfer(文件输出)、Tools(工具)、Reports(报告)、Options(选项)、Window(窗口)和 Help(帮助)。与几乎所有的其他 Windows 应用程序类似，在菜单栏中可找到所有的功能命令。

图 B-3　Multisim 12.0 的菜单栏

每个菜单栏命令介绍如下：

(1) Edit(文件)菜单提供 17 个文件操作命令，如图 B-4(a)所示。

(2) Eidt(编辑)菜单提供 23 个对电路和元器件进行操作的命令，如图 B-4(b)所示。

(3) View(窗口)显示菜单提供 21 个用于控制各种仿真界面显示状态的命令，如图 B-4(c)所示。

(4) Place(放置)菜单提供在电路工作区内放置元器件、连接线、节点、总线及文字等 16 个命令，如图 B-4(d)所示。

(5) MCU 菜单提供 11 个与 MCU(微控制器)有关的操作命令，如图 B-4(e)所示。

(6) Simulate(仿真)菜单提供了 17 个与电路仿真有关的操作命令，如图 B-4(f)所示。

(7) Transfer(文件输出)菜单提供 6 个传输命令，如图 B-4(g)所示。

(8) Tools(工具)菜单提供 18 个用于对元器件及元器件库进行编辑和管理的命令，如图 B-4(h)所示。

(9) Reports(报告)菜单提供 6 个有关电路和器件相关报告方面的命令，如图 B-4(i)所示。

(10) Options(选项)菜单提供 4 个有关电路界面和电路功能设置方面的命令，如图 B-4(j)所示。

(11) Window(窗口)菜单提供 10 种窗口显示功能，如图 B-4(k)所示。

(12) Help(帮助)菜单提供 8 项帮助功能，如图 B-4(l)所示。

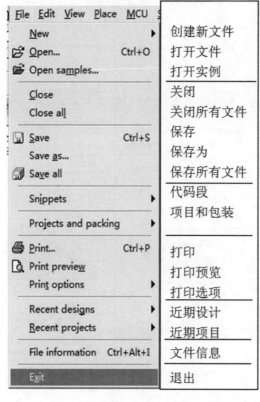

(a) File 文件菜单　　　　(b) Edit 编辑菜单

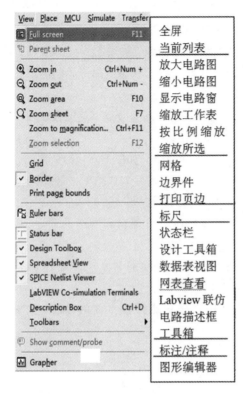

（c）View（窗口）显示菜单　　　　　　　　（d）Place（放置）菜单

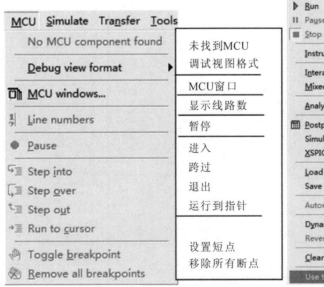

（e）MCU 菜单

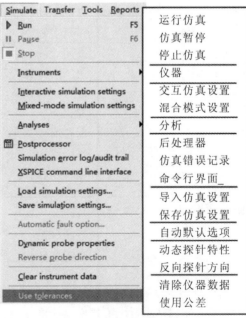

（f）Simulate（仿真）菜单

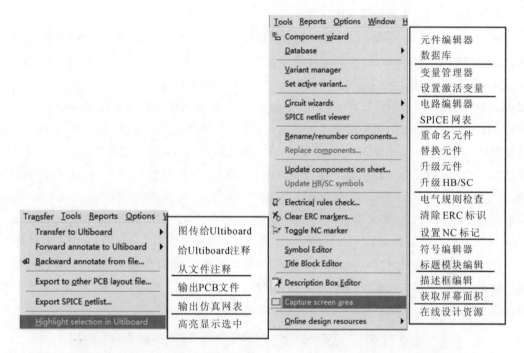

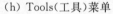

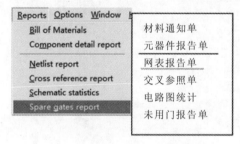

（g）Transfer(文件输出)菜单　　　　（h）Tools(工具)菜单

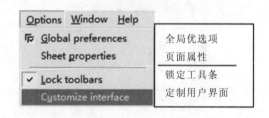

（i）Reports(报告)菜单　　　　（j）Options(选项)菜单

（k）Window(窗口)菜单　　　　（l）Help(帮助)菜单

图 B-4　菜单栏命令操作说明

### 3. Multisim 12.0 的元器件库

Multisim 12.0 的元器件存放在不同的数据库中。若在电路窗口的空白区域单击鼠标右键，选择"Place Component"选项或在菜单栏点击"Place→ Component"，会弹出"Select a Component"对话框，如图 B－5 所示。在 Database 列表框中会出现三个选项：Master Database(主数据库)、Corporate Database(公共数据库)和 User Database(用户数据库)。Master Database 为用户提供了大量的元器件，包括 Sources(电源/信号源)、Basic(基础元器件)、Diodes(二极管库)、Transistors(晶体管库)、Analog(模拟器件库)、TTL(晶体管器件库)、CMOS(金属氧化物半导体器件库)、MCU(微控制器)、Advanced_Peripherals(高级外围器件)、Misc Digital(混杂数字器件库)、Mixed(数模混合器件库)、Indicators(指示器件库)、Power(电源元器件)、Misc(混杂元器件库)、RF(射频器件库)、Electro_Mechanical(机电类器件库)、Connectors(连接类器件库)和 NI_Components(NI 器件库)。元器件库的管理是通过对"Database Manager"(数据库管理器)的操作来实现的。元器件的基本操作包括元器件的定位、放置、移动、旋转、翻转、剪切、复制、粘贴、删除、配线、属性设置和创建元器件等。

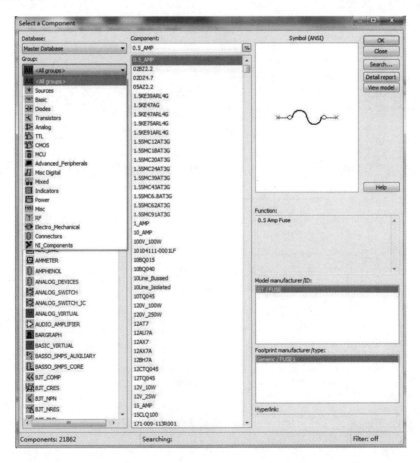

图 B－5　元件对话框及 Master Database 元件类型

#### 4. 仿真功能和虚拟仪表

Multisim 12.0 提供了 20 种混合电路的仿真功能。点击菜单 Simulate/Analyses and simulation，弹出 Analyses and simulation 对话框，左侧框内显示了 20 种仿真分析功能，分别是 Interactive Simulation(交互仿真)、DC Operating Point(直流工作点)、AC Sweep(交流扫描)、Transient(瞬态分析)、DC Sweep(直流扫描)、Single Frequency AC (单频率交流)、Parameter Sweep(参数扫描)、Noise(噪声)、Monte Carlo(蒙特卡罗)、Fourier(傅里叶)、Temperature Sweep(温度扫描)、Distortion(失真度)、Sensitivity(灵敏度)、Worst Case(最坏情况)、Noise Figure(噪声指数)、Pole Zero(极零点)、Transfer Function(传递函数)、Trace Width(扫迹宽度)、Batched(批处理)和 User-Defined(用户自定义)。选中任一仿真功能会出现相应功能的设置选项卡。在完成设置之后，单击设计工具栏的图标 ⚡，或单击"Simulate"→"Run"，按下"Run"按钮会得到相应的分析结果。

电路仿真时的运行状态和结果需要用各种仪器仪表来检测和显示。Multisim 12.0 中提供了 20 种虚拟仪器仪表，如图 B-6 所示，虚拟仪器仪表面板显示和操作类型几乎与用户在实验室里见到的实验设备一样，这些仪器仪表可以在 Multisim 中被重复调用。虚拟仪器仪表包括 Multimeter(万用表)、Function generator(函数信号发生器)、Wattmeter(瓦特表)、Oscilloscope(双踪示波器)、Four channel oscilloscope(四通道示波器)、Bode Plotter(波特仪)、Frequency counter (频率计数器)、Word generator(字信号产生器)、Logic Analyzer(逻辑分析仪)、Logic converter(逻辑转换器)、IV analyzer (I-V 分析仪)、Distortion analyzer(失真度分析仪)、Spectrum analyzer(频谱分析仪)、Network analyzer (网络分析仪)、Agilent function generator(Agilent 函数信号发生器)、Agilent multimeter(Agilent 多用表)、Agilent oscilloscope(Agilent 示波器)、LabVIEW™ instruments(LabVIEW 仪器)、NI ELVISmx instruments (NI 电磁仪器)、Tektronix oscilloscope(Tektronix 示波器)。此外还包括 Measurement probes(测量探针)、Preset measurement probes(预置测量探针)和 Current

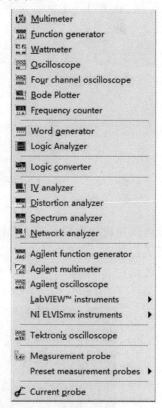

图 B-6 虚拟仪表及探针

probe(电流探针)。选择好合适的虚拟仪器仪表后可接入电路，双击仪器仪表的图标，在弹出的面板中根据电路需要进行合理设置。仿真后，双击仪表即可显示被测数据或波形。可同时连接多个相同的或者不同的虚拟仪器仪表。当多个仪器仪表同时接入电路时，仿真结果之间互不干扰。仿真结束后，在保存电路文件的同时，可以选择保存或不保存电路的仿真结果。

# 附录C 远程实境实验平台介绍

## C.1 NI ELVIS 3 虚拟仪器使用简介

NI ELVIS 3 是专门为高校开发的模块化工程教学实验设备，借助该设备可帮助学生掌握实验工程技能，其包含示波器、数字万用表、函数位号发生器、可调电源、伯德图分析仪以及其他常用实验室仪器。NI ELVIS 3 可通过 USB 接口连接到 PC 端，也可以通过网络连接到 PC 端。如图 C-1 所示为 NI 官网的 NI ELVIS 3 设备及操作界面。

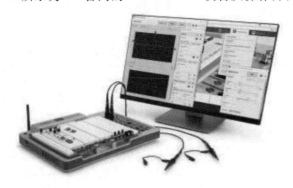

图 C-1 NI ELVIS 3 设备及操作界面

设备连接成功后即可进入如图 C-2 所示的欢迎界面，点击"FIRST TIME HERE?"可以查看入门操作，点击"MEASURE"可以使用仪器，点击"DEVICE SIMULATION"可以使用设备的仿真功能。

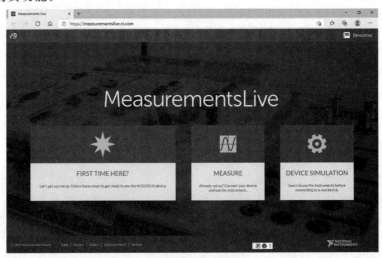

图 C-2 NI ELVIS 3 欢迎界面

点击 MEASURE/Manage device connection/Connect，连接好设备，显示连接成功时可以看到设备号，不使用设备时点 Disconnect 断开连接；点击 Click here to add instruments添加实验设备。图 C-3 为 NI ELVIS 3 里提供的仪器设备，从上到下依次为示波器、函数信号发生器、数据发生器、数字万用表、可编程电源、伯德图分析仪、伏安特性分析仪、逻辑分析仪、数字 I/O、数据记录器。

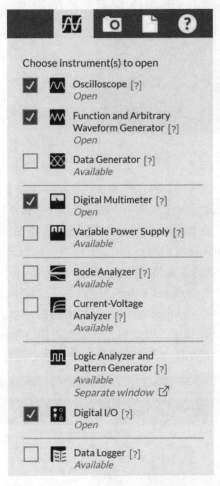

图 C-3 NI ELVIS 3 仪器设备列表

选择需要的设备，勾选即可。每个仪器都需要点击右上角绿色 RUN 后才会运行。第 6 章 6.1 节中远程交流电路元件的辨别及特性研究实验中使用了函数信号发生器的 CH1 通道和示波器的 CH1 和 CH2 通道；6.3 节中一阶动态电路"黑箱"模块的结构辨别及参数测量实验中使用了函数信号发生器的 CH2 通道、示波器的 CH3 和 CH4 通道和数字 I/O 的 A/DIO7:0通道。

函数信号发生器 FGen/Arb 的设置界面如图 C-4 所示，有两个通道可选择，使用 CH1 则把通道设置为 Static，下边可以设置波形的种类、频率、幅度、直流偏置和相位等。CH2 的设置方法与 CH1 的设置方法相同。

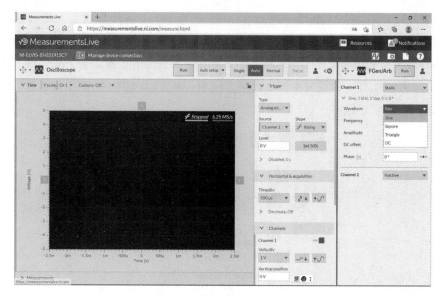

图 C-4　函数信号发生器 FGen/Arb 设置界面

示波器 Oscilloscope 的设置方法如图 C-5 所示，共有四个通道，可以点击通道右侧按钮选择打开对应通道，该示波器的使用方法与传统示波器的基本一致；默认触发方式为Auto，可以选择单次触发和正常触发等；Trigger 选项中可以设置触发通道、触发方式、触发电平等；Horizontal 里可以设置每格对应的时间 Time/div；Channels 选项可以独立设置示波器的 4 个通道，例如打开 Channel 1 右侧按钮，在下方可以设置通道 1 波形每格对应的幅值 Volts/div 和垂直位置 Vertical position。示波器的测量功能是，点击左下角 Measurements 就可以完成打开通道峰-峰值、有效值、频率和周期的测量；点击光标 Cursors，可以选择关闭、追踪和手动等光标功能，通过移动光标可以读出光标所在位置的参数。

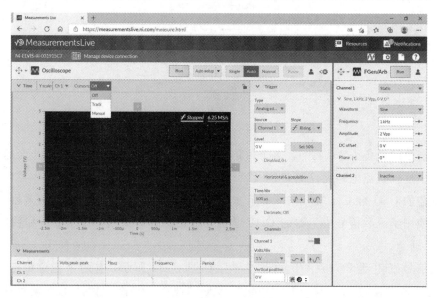

图 C-5　示波器 Oscilloscope 设置界面

图 C-6 所示为示波器测量功能举例。示波器显示页面左下角的 Measurements 显示出

所选通道 Ch1 和 Ch2 的峰–峰值、有效值、周期和频率。光标 C1 选择了 Ch1，C2 选择了
Ch2，移动 C1 和 C2 两个光标，可以读取两个光标所在位置的时间和幅值，也可以计算得出
两个光标在时间轴上的差值。图 C–6 为测量两个波形的相位差，则 ΔValue 即为两个光标
在时间轴上的差值，结合测量的周期即可得出相位差。

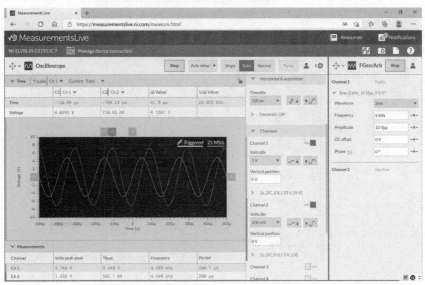

图 C–6　示波器 Oscilloscope 测量功能

　　数字万用表 Digital Multimeter 的操作界面如图 C–7 所示，中间为显示区域，与传统万用
表使用方法一致，下端为表笔连接处，转盘可选择测量的物理量，Range 可以调节量程。

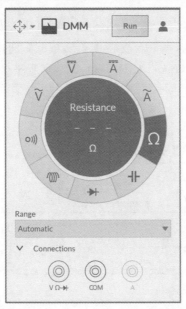

图 C–7　数字万用表 Digital Multimeter 操作界面

　　数字 I/O 的操作界面如图 C–8 所示。数字 I/O 可以设置读和写两种状态，第 6 章 6.3
节一阶动态电路"黑箱"模块的结构辨别及参数测量实验中需要使用数字 I/O 控制继电器开关

的闭合，即将使用的 A/DIO7:0 状态设置为写状态，需要控制哪个开关就点击 Line states 对应的端口即可。

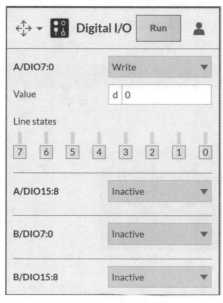

图 C-8　数字 I/O 的操作界面

## C.2　EMONA net CIRCUIT labs 远程平台使用简介

通过远程实验门户网站预约远程实验平台后，EMONA net CIRCUIT labs 远程平台的登录界面如图 C-9 所示。该远程平台支持中英文模式，选择中文模式，用户名和密码空白，点击提交即可进入 EMONA net CIRCUIT labs 远程平台的操作界面。

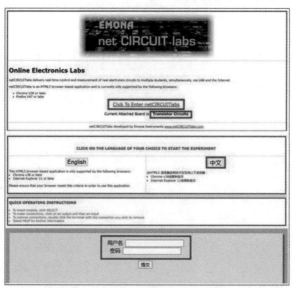

图 C-9　EMONA net CIRCUIT labs 远程平台登录界面

EMONA net CIRCUIT labs 远程平台的操作界面如图 C-10 所示的，该界面主要包括信号发生器区、电路图区、功能区和示波器区组成。

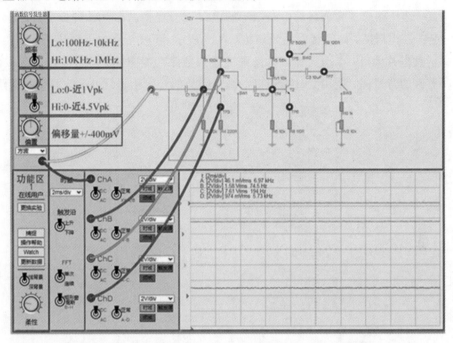

图 C-10　EMONA net CIRCUIT labs 远程平台操作界面

（1）函数信号发生器区。在该区域可以分别设置信号频率、幅值、偏移量和波形。频率有两个挡位，其调整范围如图 C-11 中所示，每个挡位里又有十等分的旋钮，可以连续调整频率。幅值有两个挡位，调整范围如图 C-11 中所示，每个挡位里又有十等分的旋钮，可以连续调整幅值。偏置的偏移量调节范围为 $-400\ \text{mV} \sim +400\ \text{mV}$。在下拉菜单中可以进行波形的选择，波形分别为正弦、方波、三角波、半正弦、噪声、调制信号、直流及接地，如图 C-11 所示。

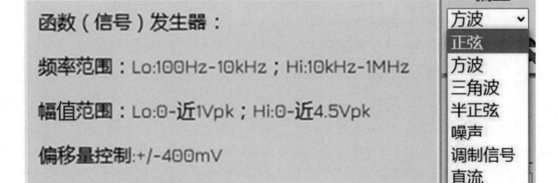

图 C-11　EMONA net CIRCUIT labs 函数信号发生器区的操作说明

电路分析基础实验

（2）功能区。功能区可以显示实验平台在线用户个数。通过更换实验选项可以选择不同实验项目，如图 C-12 所示为 EMONA net CIRCUIT labs 远程平台集成运放电路板可选的实验项目，选择相应实验项目后电路图区的电路也会更换。若想对实验平台进行详细的了解，可点击操作帮助，操作帮助界面如图 C-13 所示。其中，点击更新数据可以实时从实验平台刷新数据并采集；点击捕捉可以设置实验平台保存截图的方式；点击背景按钮可以改变示波器区的背景图，使用柔性旋钮可以调节函数信号发生器线、示波器线的柔性。

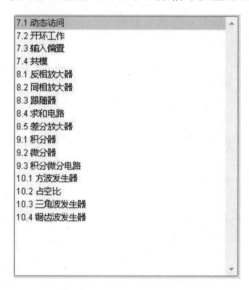

图 C-12　EMONA net CIRCUIT labs 远程平台集成运放电路板可选的实验项目

netCIRCUITlabs **帮助**

点击左下角的"载入开关"选择任何一个实验，并使用示波器通道查看多个标记颜色的测试点 TP。

选择实验：点击左下模块的"载入开关"选择。

观察点：单击示波器通道 A、B、C、D，然后单击要查看的可用测试点 TP。

可变电位器：鼠标拖动改变电位器阻值。

转换开关：单击开关按钮切换开关状态。

更新：点击刷新开关。

图 C-13　EMONA net CIRCUIT labs 操作帮助界面

（3）电路图区。该区域显示实验电路图，实验电路图与实物图一一对应。图 C-14 为选择图 C-12 中"7.1 动态访问"实验项目时电路图区的显示界面，其中 FG 为函数信号发生器连接端；TP1 为电路预设的测试点，可以通过示波器的探头进行观测；$S_1$、$S_2$、$S_3$ 为开关，可以通过单击实现开关的打开和闭合，具体操作说明可以查看操作帮助。

（4）示波器区。该区域包括了示波器设置界面和显示界面，如图 C-15 所示。在示波器设置界面中，通过点击"时基"可以设置示波器横轴代表的时间；触发沿可以设置选定通道

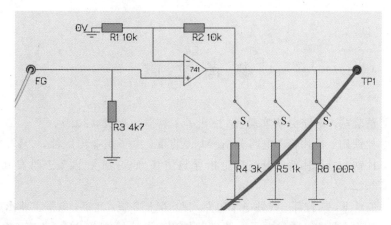

图 C-14 EMONA net CIRCUIT labs 电路图区的操作说明

的触发类型为上升或下降沿触发,此时图 C-15 为 ChA 上升沿触发;FFT 选项有两个按钮,上边的按钮可以设置快速傅里叶变换(FFT)类型为单次或者连续,下边的按钮可以选择窗函数的类型为矩形窗、高斯或 B-H。示波器共有 ChA、ChB、ChC 和 ChD 四个通道,每个通道左边的按钮可以选择 DC 或者 AC 模式,右边的按钮可以选择正常或者运算模式。例如 ChA 支持的运算模式为观测 A/B 的相图,ChB 支持的运算模式为 ChA 和 ChB 做差。每个通道的右边下选框可以设置各通道纵轴波形每格对应的幅值,触发源可以选择哪个通道为触发源,点击"时域"和"频域"可以选择每通道显示波形的类型。

示波器显示界面可以实时显示设置区域"时域"、"频域"点亮的通道。从图 C-15 可以看出,ChA、ChB、ChC 和 ChD 四个通道的时域波形,触发源为 ChA,波形的颜色与示波器测试探头的颜色一致,左侧与波形颜色一致的三角箭头即为对应波形的垂直位置,显示界面左上角为时基的显示和每个通道波形每格对应的幅值、有效值和频率。

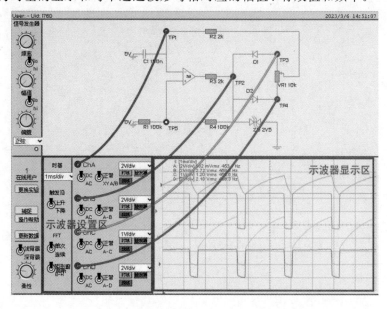

图 C-15 EMONA net CIRCUIT labs 示波器区

# 参 考 文 献

[1]  吕伟锋，董晓聪. 电路分析实验[M]. 北京：科学出版社，2010 .

[2]  顾梅园，杜铁钧，吕伟锋. 电路分析[M]. 北京：电子工业出版社，2017.

[3]  顾梅园，杜铁钧，吕伟锋. 电路理论指导与仿真分析[M]. 西安：西安电子科技大学
出版社，2022 .

[4]  胡体玲，张显飞，胡仲邦. 线性电子电路实验[M]. 2 版. 北京：电子工业出版社，2014 .

[5]  刘国华，林弥，罗友. 通信电子电路实践教程：设计与仿真[M]. 北京：电子工业出版
社，2015 .

[6]  黄大刚，刘毅平，朱连津. 电路基础实验[M]. 北京：清华大学出版社，2008 .

[7]  蒋焕文，孙续. 电子测量[M]. 3 版. 北京：中国计量出版社，2010 .